露天矿开采方案优化
——理论、模型、算法及其应用

王 青　顾晓薇　胥孝川　著

北 京
冶 金 工 业 出 版 社
2018

内 容 提 要

本书系作者多年从事露天矿开采方案优化的研究成果及其应用的总结，内容包括最终境界优化、生产计划优化、境界与计划的整体优化以及分期开采优化等。全书系统地阐述了作者提出的优化理论、数学模型和优化算法。结合应用案例，对优化结果进行了比较详细的分析，对优化模型和算法的合理性、实用（适用）性和局限性进行了客观的评价。

本书可供从事矿山开采的工程技术人员、科研人员和管理人员阅读，也可供相关领域的工程技术人员和高等院校有关师生参考。

图书在版编目（CIP）数据

露天矿开采方案优化：理论、模型、算法及其应用/王青等著. —北京：冶金工业出版社，2018.5
ISBN 978-7-5024-7773-8

Ⅰ.①露… Ⅱ.①王… Ⅲ.①露天开采—研究 Ⅳ.
①TD804

中国版本图书馆 CIP 数据核字（2018）第 088748 号

出 版 人 谭学余
地 址 北京市东城区嵩祝院北巷 39 号 邮编 100009 电话 （010）64027926
网 址 www.cnmip.com.cn 电子信箱 yjcbs@cnmip.com.cn
责任编辑 高 娜 宋 良 美术编辑 彭子赫 版式设计 孙跃红 禹 蕊
责任校对 郑 娟 责任印制 李玉山
ISBN 978-7-5024-7773-8
冶金工业出版社出版发行；各地新华书店经销；三河市双峰印刷装订有限公司印刷
2018 年 5 月第 1 版，2018 年 5 月第 1 次印刷
148mm×210mm；8.25 印张；244 千字；253 页
40.00 元

冶金工业出版社 投稿电话 （010）64027932 投稿信箱 tougao@cnmip.com.cn
冶金工业出版社营销中心 电话 （010）64044283 传真 （010）64027893
冶金书店 地址 北京市东四大街 46 号（100010） 电话 （010）65289081（兼传真）
冶金工业出版社天猫旗舰店 yjgycbs.tmall.com
（本书如有印装质量问题，本社营销中心负责退换）

前　言

改革开放四十年来，我国的采矿业随着经济的快速增长取得了长足发展，在矿产资源的开采量上我国已经成为名副其实的矿业大国。如今，采矿业与其他行业一样，迎来了又一次历史性的转折：从追求量的增长的粗放式扩张转向以质的提升为核心的科学发展。实现这一转折，进而向矿业强国迈进，两大支柱不可或缺：一个是在行业层面上的科学宏观调控；一个是在企业层面上的科学开采。前者是采矿业科学发展的制高点和方向盘，后者是采矿业科学发展的具体实现。

就采矿业应用的科学技术而言，也许可以将之分为两大类："硬技术"与"软科学"。前者主要包括开采装备、采矿方法和工艺，解决的是如何把矿石采出来的问题；后者主要包括开采方案和相关参数的优化与决策，解决的是如何更好地把矿石采出来的问题。一直以来，硬技术在我国采矿业的发展中占主导地位，采矿技术的进步也主要体现在硬技术上。如果说在改革开放初期我国采矿业发展的主要制约因素以及与国际先进水平相比的主要差距是硬技术，尤其是装备水平，那么如今我国在这方面可以说已经基本赶上了世界先进水平，不再是问题；如今的差距主要体现在软科学在采矿实践的应用上，而这也正是实现采矿业科学发展必须解决的核心问题之一。

　　露天开采的作业空间相对自由，开采方案和相关参数的取值有较大的允许范围，为相关软科学尤其是优化的应用提供了广阔的空间。另一方面，露天矿生产规模一般较大，投资高，投资风险也高，优化在最大限度地降低投资风险、提高投资收益上可以发挥重要作用，发达国家的实践也充分表明了这一点。

　　然而，露天开采是一个多层次的复杂系统工程，在露天矿可行性研究及设计和生产过程中，需要作出大大小小的决策，确定各种方案和众多参数。在需要优化的众多要素中，最终境界、生产能力、开采顺序和开采寿命等，组成了露天开采的"大方案"，对露天矿的总体经济效益和投资风险起着举足轻重的作用。如果这一大方案不科学，那么无论其装备水平再先进、信息化程度再高，也不能算作实现了科学开采。

　　作者三十余年来一直致力于露天矿开采方案的优化研究和应用开发，基本上形成了一个较完整和较实用的理论、模型和算法体系。本书是这一体系及其应用案例的集成，除第2章、第3章及第4章中境界优化的正锥开采法和图论法外，均是作者的研究成果。第2章和第3章是对露天开采和矿床模型的概述，是为后续的优化内容提供基础知识，同时也使全书更具完整性和系统性。对这部分内容熟悉的读者可以跳过这两章。

　　本书的写作目的，一是向读者介绍优化方法及其思路，对有志于这一领域研究的读者有所启发；二是以案例分析引导读者正确看待和应用优化。虽然本书对优化方法的阐述及其应用案例均是针对金属露天矿,但优化模型与算法适用于除近水平矿层(如绝大多数煤矿)外的所有矿床;其优化思路也可为近水平矿层的露天开采优化提供借鉴。

科学研究是无止境的,一个问题往往没有最终答案。露天矿开采方案的优化问题也是如此,它会随着科学技术的发展和研究的不断深入,得到越来越好的解决。笔者衷心希望有更多的人加入到这一领域的研究之中,也希望学术界与工业界的读者以批评、挑剔的眼光阅读此书,提出不同的学术观点,甚至是不客气的批评。

希望本书的出版能为我国露天矿实现科学开采做出一点贡献。谨以此书献给致力于实现科学采矿的人们。

王 青

2018 年元月

于东北大学

目　录

1 绪 论

采矿领域的优化研究和应用是随着计算机技术的发展而发展的。在半个多世纪的发展历程中，逐渐成为采矿领域一个相对独立的研究方向——矿山系统工程，也逐渐形成了一个活跃在全世界的研究和开发队伍。APCOM（Application of Computers and Operations Research in the Mineral Industry）Symposium，作为矿山系统工程研究、开发和应用的国际学术交流平台，到 2017 年已经在世界各国举办了 38 次。国际上先后出现了多家实力雄厚的矿用专业软件公司，专门开发以矿床建模和矿山优化设计为核心功能的软件系统，促进了相关研究成果的转化。可以说，优化研究和应用的日益广泛和深入，是采矿业技术进步的重要标志之一。

本章首先对计算机及优化在国内外采矿业的应用历史和现状作一概述，然后对与本书内容直接相关的研究文献作一较为全面的梳理，并对相关优化方法进行归类和简要综述，为致力于矿山系统工程研究的读者提供文献查阅引导。

1.1 计算机及优化在采矿业的应用概述

计算机从 20 世纪 60 年代开始在西方国家应用于采矿业。计算机处理能力的不断提高，极大地促进了矿山（特别是露天矿）设计与生产中各种优化方法和算法的研究与应用，也使矿山生产的自动化水平不断提高。国际上计算机和优化在采矿业的应用大致可以分为如下几个阶段：

（1）简单计算阶段。这个阶段大约对应于 20 世纪 60～70 年代。计算机主要用于手工设计与计划编制等工作中的基本数据运算，其作用主要是节省计算时间，加快设计与计划编制速度。

（2）计算机辅助设计（CAD）阶段。到 20 世纪 80 年代，计算机的处理能力达到了一定的水平，以 AutoCAD 为代表的一些图形处理软件开始出现，矿山的设计与计划工作开始在这样的软件平台上进行，设计、计划图纸的绘制、输出以及设计和计划中矿岩量和品位等的计算均在计算机上完成，大大提高了工作效率，也使多个开采设计方案的分析比较和优选成为可能。同时，计算机管理信息系统也开始得到应用。到后来，计算机辅助设计主要用于优化结果的后处理（即把优化结果加工为符合所有现实约束条件的可行方案），以及其他一些辅助性的图形处理工作。

（3）优化应用阶段。计算机使优化理论走出书本，在矿山设计和生产中发挥作用。虽然有关矿山优化方法的研究始于 20 世纪 60 年代，但相关研究的大量开展和研发成果在实践中"较成气候"的应用和推广，则始于 20 世纪 80 年代；到 20 世纪 90 年代，研究和应用的深度和广度都达到了相当高的水平。优化方法及其应用涉及矿山的许多方面，例如：地质统计学品位估值；最终境界优化；生产计划优化；边界品位优化；运输调度优化；设备配置、更新及维修和养护计划优化；备品备件存量优化；等等。优化实质上是在矿山企业的这一微观层次上为管理和工程技术人员提供科学的决策支持，对降低生产成本和提高矿山项目的投资收益发挥了重要作用。

（4）自动化与智能化阶段。功能日益强大的计算机网络与定位和传感技术一起，使矿山开采中主要设备和设备系统的全自动化和智能化运行成为可能，如铲运机、凿岩台车、锚杆机、电铲等的远程操控，无人驾驶的全自动化运输系统等。这些系统的研发与试验大约始于 20 世纪 90 年代，如今已在越来越多的矿山得到应用。许多业内人士认为，矿山开采将在可预见的将来进入采场无人的全自动化、智能化时代。

在我国，计算机在矿山的应用始于改革开放初期的 20 世纪 80 年代。改革开放使这一领域的信息涌入国内，掀起了一阵计算机和优化热。一些大学的采矿工程系成立了系统工程研究室；当时的冶金工业部组织多家高等院校和研究院所在试点矿山开展科技攻关，研发矿山设计、计划、调度等方面的软件系统和控制系统。然而，研发成果未得到推广，在试点矿山的应用也很快流产。

到 20 世纪 90 年代，国内采矿业界似乎对计算机和优化在生产中的作用感到失望，失去了兴趣。这一时期随着计算机网络的发展，计算机在矿山的应用重点转向了管理领域，管理信息系统、网络化办公系统、财务管理系统等在越来越多的矿山得到应用；在与矿山生产直接相关的设计和计划工作上的应用，主要方式是在 AutoCAD 上的计算机辅助设计，但应用并不普遍，许多矿山仍停留在手工设计阶段；在露天矿运输调度方面，从国外引入了一套计算机自动调度系统，但并未得到推广。

　　进入本世纪，计算机及其网络技术在一些其他行业的应用迅速推广，可谓形势逼人。采矿界再次意识到信息化是矿山技术发展的一条必由之路，"数字矿山"一时间成了我国采矿业界的热词。于是，不少矿山与科研单位合作，开展所谓的数字矿山建设。这一轮新热潮推动了计算机网络系统在矿山非生产性领域（主要是管理方面）越来越广泛的应用；在与生产直接相关的领域，开始出现少数专门为矿山开发建模、设计和计划软件的专业化公司，其产品也得到一定程度的推广应用，但所发挥的作用仍属于计算机辅助设计范畴；在露天矿运输调度方面，开始有了国内开发的计算机调度系统，在一些矿山得到应用。

　　值得重视而又不无遗憾的是，优化在我国的矿山生产中一直没有得到较为广泛的、经常性的应用；少数应用基本上是"一次性"的，几乎都是矿山与科研单位以科研项目的形式，对某个方案或某些参数进行优化，项目结束后优化不再持续。更为不幸的是，如今致力于矿山优化研究的学者也越来越少了。优化的应用应该是科学发展观落实在采矿业的重要体现和标志之一。试想，即使是实现了全自动化的无人采矿，如果开采方案本身不好，未必能算得上是科学开采。而且，发达国家的实践表明，优化在矿山生产中的应用能够带来巨大的经济效益（包括降低投资风险）。如果说我国当今的采矿技术水平与国际先进水平还有差距的话，最突出的差距之一恐怕就是优化的应用了。

1.2　最终境界优化方法概述

　　在传统的手工设计中，最终境界的设计以"境界剥采比等于经济合理剥采比"为基本准则，一般是在垂直剖面图上以试错的方式找出各个剖面上的境界位置，而后投影到分层平面图上进行调整，形成设计方案。这一方法也有优化的成分，因为经济合理剥采比是使盈利增量为 0 的境界剥采比，依据上述准则设计的境界是总盈利最大的境界。在计算机辅助设计中，基本原理和方法步骤与手工法相同，计算机代替了手工设计中的图板、求积仪和计算器；绘图在计算机屏幕上（或借助数字化仪）进行，相关计算和图纸输出都由计算机完成。

　　块状矿床模型（Block Model）的出现，为各种境界优化方法的研究和应用开辟了广阔的天地，许多优化方法问世。所有优化方法几乎都是基于块状矿床模型，以最大允许帮坡角为约束条件，求解使总盈利最大的模块的集合（即最佳境界）。这些方法大体上可以分为两大类：近似（也称为"准优化"）方法和数学方法。

　　近似法中最具代表性的是浮锥法，它是直到 20 世纪 80 年代应用最广的境界优化方法。浮锥法包括正锥开采法和负锥排除法，在本书的第 4 章有详细的介绍。由于浮锥法不能保证所得结果就是总盈利最大的那个境界，所以一些研究者对浮锥法进行了算法上的改进[1,2]。还有一些优化最终境界的其他近似方法[3-5]，但未得到较广泛的应用。

　　数学方法中最具代表性的是图论法。该方法首先由 Lerchs 和 Grossmann 于 1965 年提出[6]，所以也称为"LG 图论法"。这是一个严格意义上的境界优化方法，即对于给定的矿床块状价值模型，一定能得出总盈利最大的境界。该方法依据最终帮坡角的约束，将矿床块状价值模型转化为一个有向图来求解总盈利最大的境界，在本书的第 4 章有详细的介绍。由于该方法的运算量和对内存的需求都较大，受到当时计算机运算速度和内存容量的制约，其应用在一段时间里受到限制；一些研究者也因此在具体算法上进行了改进[7-10]。上世纪 80 年代，Whittle 公司开发了 LG 图论法的软件包，向矿山推广并免费提供给学校的使用者，大大促进了该方法的推广应用[11,12]。到上世纪末，计算机的速度和容量不再是图论法的制约，这一方法已经成为国际上几乎所有商业化矿用专业软件系统的"标配"模块，如 Whittle、Maptek 和 Datamine 等公司的产品均含有 LG 图论法[13-15]。该方法在国际上得到普遍应用，已经成为境界优化的经典方法。

另一种优化境界的数学方法是动态规划法。二维动态规划法也是首先由 Lerchs 和 Grossmann 于 1965 年与图论算法在同一篇论文中提出的[6]。该方法在二维空间中很有效,但不适用于三维空间。一些学者试图将这一方法扩展到三维空间[16-18],但都不很成功。

网络流法是优化最终境界的又一种数学方法。该方法最早由 Johnson 在其求解多时段开采计划问题中提出[19],之后,不少学者进行了研究[20-25],但在实践中并未得到推广应用。也有个别研究者把境界优化问题转化为运输问题进行求解的[26]。

就求解最大盈利的境界而言,境界优化问题可以说是一个已经解决的问题。由于没有了计算机速度和容量的限制,LG 图论法已成为实践中应用的"标准"方法。因此,进入本世纪以来,鲜有人研究这一问题了。近期对境界优化问题的研究主要是针对各种相关参数和条件的处理,提出不同方法,如考虑地质构造、水文和岩土条件等因素用神经网络(Neural Network)和人工智能(Artificial Intelligence)求得一个好境界[27],或考虑境界形态的不确定性(概率),应用马尔科夫链求解[28]。

1.3 生产计划优化方法概述

露天矿生产计划在本书中特指贯穿整个开采寿命的长期计划,包括生产能力、开采顺序和开采寿命。编制生产计划就是确定每年开采多少矿石、剥离多少废石(即生产能力),每年开采和剥离哪些区域或各个台阶如何推进(即开采顺序),以及开采时间跨度(即开采寿命)。一般情况下,生产计划是在已圈定的最终境界中进行(若采用分期开采,先要圈定各分期境界)。传统的编制生产计划的一般步骤是:首先依据可采储量确定年矿石生产能力;然后依据最终境界(或各分期境界)中各台阶的矿石和废石量,应用 PV 曲线法进行生产剥采比均衡,大致确定每年的废石剥离量;最后在分层平面图上,逐年进行采剥过程模拟,确定每年末各台阶的推进位置,使开采的矿石量满足预定的年矿石生产能力、剥离的废石量基本与生产剥采比均衡结果相一致。这是一个繁琐的试错过程。进入计算机辅助设计阶段后,这一试错过程在计算机上进行,大大加快了计划编制速度,也使计划方案的比较和优选成为可能。

长期生产计划为一个矿山（新矿或已投产矿山）提供了未来生产策略，而且对于一个给定矿床，生产计划的优劣对基建投资和投产后的现金流在时间轴上的分布，进而对整个矿山项目的投资收益率，有重大影响。这就是为什么国际上的矿业公司对生产计划的优化有浓厚的兴趣，生产计划优化方法一直是矿山系统工程的一个热门研究课题。

从优化的角度看，露天矿生产计划就是确定块状矿床模型中每个模块的开采时间，或者说确定每年应开采哪些模块，以使总净现值达到最大，同时满足露天开采的时空关系和技术及经济上的一些约束条件。

最早出现并得到应用的生产计划计算机优化方法是"开采增量排序法"。该方法首先产生一系列符合帮坡角要求的开采增量，然后用某种方法对这些增量进行排序，找到满足预定目标和约束条件的生产计划。有时，开采增量的产生和排序是同时进行的。这一方法最早由 Kennecott 公司的工程师们首先提出并在该公司得到应用[29]。他们通过构造锥体来产生开采增量，以人机交互的试错方式进行锥体构造、评价和排序。这一试错法被称为"浮锥开采器"法，有较强的实用性，也被应用到其他一些案例[30,31]。

用于生产计划的开采增量可以通过产生一系列嵌套境界来求得。"嵌套"是指小的境界被所有比它大的境界完全包含，系列中境界之间的增量就是计划中的开采增量。"参数分析（Parametric Analysis）"是产生嵌套境界系列的常用方法。参数化的思想首先由 Lerchs 和 Grossmann 于 1965 年提出[6]，后来又发展为"储量参数化（Reserve Parameterization）"法，不少学者对储量参数化的求解及其在生产计划中的应用进行了研究[32-37]。参数化的一个内在缺陷是"缺口"问题，即在所产生的境界系列中，某些相邻境界之间的增量很大，以至于境界系列无法用于生产计划优化。为此，一些研究者用近似（Heuristic）算法产生嵌套境界序列以克服缺口问题[38-40]。对于开采增量（或境界系列）的排序，较常用的优化方法是动态规划[41-43]。

如前所述，生产计划优化问题的本质是在满足必要的约束条件的前提下，找出每一模块的最佳开采时间，以获得最大的总净现值。这是一个典型的线性规划问题。因此，线性规划（具体形式包括混合规划、纯整数规划和 0 - 1 规划）是求解生产计划优化问题的最常用的数学优化方法之一，早在 20 世纪 60 年代末就有相关研究[19,44]；不少研究者针对生产计划问题的不同侧面建立了不同具体形式的线性规划模型[45-50]。

然而，当以块状矿床模型中的单个模块作为决策单元时，优化生产计划的线性规划模型的变量数目和约束方程数目太过巨大，即使是今天的计算机，也难以直接求解；如果是整数规划，就更难求解了。因此，一些研究者试图在数学模型形式（主要是约束条件）的构造上或求解算法上（通常是借助近似算法）寻求出路，以提高求解速度[51-55]。更常见的途径是通过增大决策单元来减少变量和约束数目，例如，把矿床模型中的模块组合为"单元树"作为优化中的决策单元，或以台阶或盘区（Panel）为决策单元[56-63]。然而，大决策单元由于计划精度（或分辨率）低而导致结果与最优计划有较大差距，也降低了结果的实用性。为此，不少研究者利用数学模型的特殊结构，用拉格朗日松弛法来减小模型规模，并借助一些其他措施和算法（如迭代、分解、梯度法、Dantzig 网络流法等）求解[64-74]。这一方法的最大障碍是"缺口"问题，一些研究者们针对这一问题想了各种办法，但始终未得到较好的解决。

露天矿生产计划是一个典型的多时段决策问题，而且时段之间相互联系，所以也很适合用动态规划求解。因此，动态规划也是求解这一问题的最常用的数学优化方法之一，不少研究者用动态规划研究了生产计划不同侧面的优化问题[75-86]。

由于应用数学优化模型求得生产计划的精确解有难以克服的困难，一些研究者转而求助于近似算法，如遗传算法（Genetic Algorithm）、随机局部搜索（Random, Local Search）、颗粒群移动算法（Particle Swarm Algorithm）、模拟（Simulation）等，来求得一个或多个"好"的计划[87-96]。

可见，由于生产计划优化问题的高度复杂性和由此带来的求精确解的困难，至今还是一个较为热门的研究课题。

1.4　生产计划和最终境界同时优化方法概述

上述的绝大多数研究中，最终境界和生产计划是分别单独优化的：先优化最终境界，而后在其中优化生产计划。然而，优化最终境界时，由于还没有生产计划而不能计算现金流在时间轴上的分布，所以无法以总净现值最大为目标函数，一般都是以总盈利最大为优化目标；而在生产计划的优化中，绝大多数优化方法都是以总净现值最大为目标函数的（这也是矿山企业追求的目标）。这样就存在一个问题：总盈利最大的最终境界不一定能带来最大的总净现值，即可能存在另外一个最终境界，它能带来的总净现值大于预先单独优化好的那个最终境界。也就是说，分别优化最终境界和生产计划一般得不到整体最优开采方案。鉴于此，一些研究者把最终境界和生产计划作为一个整体进行优化[41～43,91,97～103]。此类研究中应用最多的是动态规划；遗传算法、人工智能等近似算法及其与动态规划的组合也有应用。

1.5　地质不确定性及其在露天矿优化中的应用概述

优化露天矿开采方案的最基本输入是矿体形态及其品位，或者说品位的空间分布。上述绝大多数优化方法都是以块状矿床模型描述矿床品位的空间分布的，模型中每一模块的品位是基于探矿取样品位通过某种方法进行估值的结果，最常用的估值方法是地质统计学法（即克里金法）。由于探矿取样的密度很低，矿床中除取样部位之外的区域的品位都是未知的，建立矿床模型所得到的各模块的品位估值只代表了矿床中品位分布的一种可能（称为一个"实现"），还存在许多其他可能。基于一个实现（一个矿床模型）优化开采方案并依此进行生产存在较大的风险：如果矿床模型的品位估值与实际品位有较大的偏差——存在偏差是肯定的，只是程度不同，那么优化所得的开采方案可能是一个较差的方案，实现的投资收益与矿床的最高潜在收益能力有较大的差距，甚至带来经济损失。因此，最终开采方案的确定不应该"吊死在一个矿床模型这一棵树上"，应该在优化中考虑品位空间分布的其他可能性，即考虑品位的不确定性。这种不确定性称为"地质不确定性（Geological Uncertainty）"[104]。

基于地质统计学的"矿床条件模拟（Conditional Simulation of Ore Deposits）"是处理地质不确定性的有效和常用方法，这一方法产生于20 世纪90 年代，可以说是矿山系统工程的最重要的新发展。应用条件模拟可以产生许多发生概率相同且相互独立的不同实现（矿床模型），所有实现均基于已知取样品位，并满足以下条件[105-109]：

（1）在取样点处，模拟品位都等于取样品位；

（2）模拟品位的空间关联性（Spatial Relationship and Interrelationship）都与已知取样品位的空间关联性相同；

（3）模拟品位的概率分布都与已知取样品位的概率分布相同。

可见，每个模拟模型都是忠实反映了已知取样数据的概率分布和空间分布特征的一个实现，大数量的模拟模型就可捕捉矿床品位的不确定性。

把地质不确定性纳入开采方案优化的常用途径之一，是把某一优化方法应用于每一个条件模拟得到的矿床模型，然后用某种方法对不同优化结果进行综合，或从中选出最佳者。另一常用途径是先求出所有模拟矿床模型的"平均模型"，基于平均模型优化出一个"期望最佳（Expected Optimum）"方案，而后把这一方案应用于每个模拟矿床模型来计算其总净现值，求出所有这些总净现值的平均值及其概率分布，用于分析评价地质不确定性对开采方案及收益的影响或其他目的。条件模拟方法被提出后的二十多年间，被广泛用于露天矿优化，尤其是生产计划的优化[110-120]。

2 露天开采概述

在露天矿生产中，作业地点不断改变，呈现出时空动态性。因此，露天开采方案的优化设计必须符合其时空发展规律并满足某些约束条件。本章对露天开采的一些基本概念和开采程序作一概述，为后续各章介绍的露天开采优化理论和方法奠定基础。

2.1 露天开采的一般时空发展程序

从原始地表开始到开采完毕，露天开采的过程是一个使开采区域的地貌连续发生变化的过程。在垂直方向上，露天矿被划分为台阶，台阶高度取决于矿山生产规模（即年生产能力）、与生产规模相适应的采掘设备规格及其作业参数，以及与所采矿种有关的对选别性的要求。金属矿的台阶高度一般为 10~15m。露天开采是以台阶为单位进行的。

掘沟是一个台阶开采的开始，为该台阶的开采提供了运输通道和初始作业空间。沟一般由**出入沟**（也称为**斜坡道**或**运输坑线**）和**段沟**组成，前者为台阶之间建立运输联系，后者为开采提供初始作业空间。如图 2-1 所示，从 152m 水平向 140m 水平掘进的出入沟为这两个水平之间提供了出入通道，段沟为开采 140 - 152 台阶提供了初始作业空间。出入沟的沟底宽度取决于采掘设备（一般为电铲）的规格及其相关作业参数以及运输设备的调车方式和转弯半径等，大中型露天矿一般为 20~35m；其坡度一般为 8% 左右。

如果采用汽车运输，由于其灵活性高，在掘完出入沟后可不掘段沟，立即在出入沟底端以扇形工作面形式向外推进。图 2-2（a）所示为汽车运输、沟外调头掘沟；完成掘沟后，在其底端以扇形工作面形式向外推进；当开采出足够的空间时，汽车可直接开到工作面进行调车（图 2-2b）；随着工作面的不断推进，作业空间不断扩大，如果需要加大开采强度，可在一定时候布置两台采掘设备同时作业（图 2-2c）。

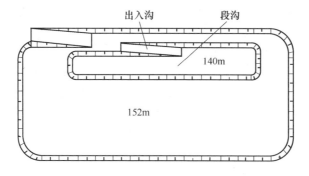

图 2-1 出入沟与段沟示意图

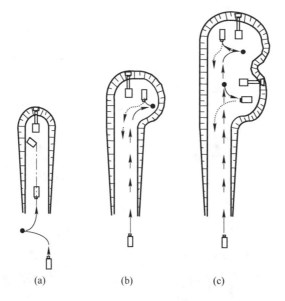

图 2-2 台阶推进示意图

一个台阶的水平推进使其所在水平的采场不断扩大,并为其下面台阶的开采创造条件。新台阶工作面的拉开使采场得以延深。台阶的水平推进和新水平的拉开构成了露天采场的扩展与延深。

最终境界是由拟开采的各个台阶推进到最终位置后构成的三维几何体,也是开采结束后的最终采场形态。最终境界在开采开始前就已

设计好。露天矿从地表掘沟开始直到开采到最终境界结束的一般过程
如图 2-3 所示。

　　假设矿区地表地形较为平坦，地表标高为 200m，台阶高度为
12m。首先在地表境界线的一端，沿矿体走向掘沟到 188m 水平（图
2-3a）。出入沟掘完后，在沟底以扇形工作面推进（图 2-3b）。当
188m 水平被揭露出足够面积时，向 176m 水平掘沟，掘沟位置仍在
右侧最终边帮（图 2-3c）。之后，形成了 188～200m 台阶和 176～188m

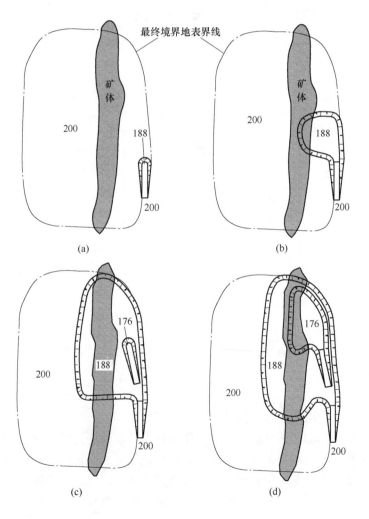

(a)　　　　　　　　　　(b)

(c)　　　　　　　　　　(d)

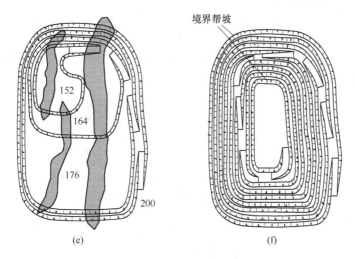

图 2-3 采场扩展与延深过程示意图

台阶同时推进的局面（图 2-3d）。随着开采的进行，新的工作台阶不断投入生产，上部一些台阶推进到最终境界位置（即已靠帮）。若干年后，采场变为如图 2-3(e)所示。当整个矿山开采完毕时，便形成了如图 2-3(f)所示的最终境界。

2.2 最终帮坡角

最终境界的边坡称为**最终帮坡**（或**最终帮**、**非工作帮**），由台阶组成，呈阶梯状，其平面投影如图 2-3(f)所示。图 2-4 是某露天矿的一段最终帮的三维透视图，图中标出了最终帮的构成要素。

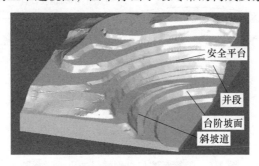

图 2-4 某露天矿最终帮坡（局部）三维透视图

最终境界的一个垂直横剖面及其构成要素如图 2-5 所示。在剖面上把阶梯状的最终帮坡简化为一条直线，如图 2-5 中的细线所示，那么该直线与水平面的夹角称为**最终帮坡角**，上盘的最终帮坡角为 β_1，下盘为 β_2。

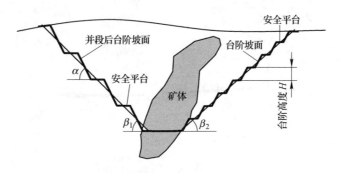

图 2-5   最终境界横剖面及其帮坡构成要素示意图

最终帮坡角是露天矿设计中最重要的技术参数之一，其取值直接影响到境界的平均剥采比，即境界内废石总量与矿石总量的比值，进而影响到整个矿山的经济效益。如图 2-6 所示，最终帮坡角越大，采出同样的矿石量需要剥离的废石量就越小，即平均剥采比越小，经济效益就越好。对于一个大型露天矿，最终帮坡角提高 1°，可能会减少数千万吨的剥离量，降低数亿元的剥离成本。因此，从经济上讲，最终帮坡角越大越好。

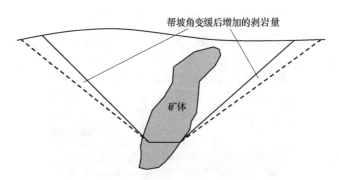

图 2-6   最终帮坡角对剥岩量的影响示意图

　　然而，最终帮坡必须能够在足够长的时期内保持稳定，不发生滑坡；而帮坡越陡，就越不稳定，越易发生滑坡。这就要求最终帮坡角不能超过一个最大值，即通过边坡稳定性分析计算所确定的最大允许角度（金属矿一般为 35° ~ 55°）。

　　在不并段（即每个台阶都留有一定宽度的安全平台）的情况下，最终帮坡角与帮坡构成要素之间的关系为：

$$\beta = \arctan \frac{nH}{\sum_{i=1}^{n} W_i + \frac{nH}{\tan\alpha}} \qquad (2\text{-}1)$$

式中　n——台阶数目；

　　　H——台阶高度；

　　　W_i——第 i 个台阶的安全平台宽度；

　　　α——台阶坡面角。

　　如果按上式计算的最终帮坡角大于边坡稳定性允许的最大帮坡角，可以增加某些或全部台阶的安全平台宽度，把帮坡放缓；如果按上式计算的最终帮坡角小于允许的最大帮坡角，可以减小安全平台宽度，使帮坡角变陡。当把所有台阶的安全平台宽度都减小到允许的最小值（小于该值就起不到安全作用了），帮坡角仍然小于允许的最大值时，可以采取并段的方式把帮坡角提高到最大值。把两个或更多的相邻台阶并段，就是把下部台阶的坡顶线一直推进到上部台阶的坡底线位置，不留任何平台。图 2-5 中，上盘帮坡就是每两个台阶并段后形成的最终帮坡。可以看出，采取并段的上盘帮坡角 β_1 明显大于未并段的下盘帮坡角 β_2。在实际设计中，根据需要确定多少个台阶并为一段，往往是在境界边帮的不同区域采用不同数目的台阶并段。总的原则是，并段后既能使帮坡角达到允许的最大值，又方便运输坑线的布置。在设计中还应注意，并段后台阶的连续坡面高度成倍增加，若有石块滚落，其动能大大增加，所以，为了保证作业的安全，采取并段的帮坡上的安全平台宽度要比不并段时适度加大。

　　运输坑线对其所在帮坡段的总体帮坡角有重要影响。假设在图2-5 所示的境界中，上盘布置有运输坑线并在帮坡半腰处穿越图示剖面一次；运输道路的宽度为上盘安全平台宽度的三倍，其他参数均不

变。那么，图2-5 就变为图2-7。可见，由于运输道路的宽度比安全
平台宽度大许多（实际情况也是如此），它的加入使其所在帮坡段的
总体帮坡角明显变缓（从 β_1 变为 β_1'），在该帮坡段的剥岩量也明显增加。
对于大多数深度较大的大型露天矿，运输坑线可能在最终帮上折返多次
（或呈螺旋状回转多次），在某一垂直剖面上就会每隔数个台阶出现一次
运输坑线，致使总体帮坡角比没有运输坑线时有更大幅度的变缓。

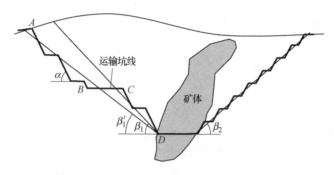

图2-7   运输坑线对总体最终帮坡角的影响示意图

运输坑线使总体帮坡角变缓，也使帮坡的稳定性有所改善。但由
于没有坑线的各个帮坡段（图2-7 中的 $A-B$ 段和 $C-D$ 段）的垂直
高度仍然较大，这种改善很有限。所以，在设计中是把没有坑线的帮
坡段的局部帮坡角设计为最大允许帮坡角，而不是把加入运输坑线后
的总体帮坡角设计为最大允许帮坡角（因为这样做会大大增陡 $A-B$
段和 $C-D$ 段的帮坡角，造成安全隐患）。因此，在优化最终境界之
前，不仅需要知道不同区域或方位的最大允许帮坡角，而且需要初步
确定运输坑线的布置方式（折返式或螺旋式，或两者的结合）、位置
和宽度，进而确定布置有运输坑线的区域或方位的总体帮坡角，以便
以合适的总体帮坡角进行境界优化，使优化结果为加入运输坑线留出
适当的空间。

2.3 境界剥采比与经济合理剥采比

从充分利用资源的角度来看，最终境界应包括尽可能多的地质储
量。然而由于最大帮坡角的约束，多开采矿石就必须剥离该部分矿石

上面一定范围内的废石；而且，对于大多数矿床（尤其是矿体为倾斜和急倾斜的矿床），需要多剥离的废石量往往比多开采的矿石量大得多。

如图 2-8 所示，如果把最终境界扩大（延深）一个增量，即由实线所示的境界变为虚线所示的境界，其深度从 D 增加到 $D + dD$，多开采的原地矿石量为 dO，多剥离的原地废石量为 dW。由于开采中存在矿石的损失与贫化，采出矿石量（亦即送往选厂的矿石量）并不等于 dO，排弃到排岩场的废石量也不等于 dW。dW 与 dO 之比称为境界在实线位置（深度 D）处的**境界剥采比**，用 R_j 表示，即

$$R_j = \frac{dW}{dO} \tag{2-2}$$

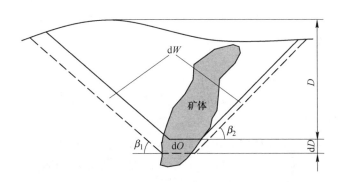

图 2-8 境界剥采比示意图

不难想象，境界的位置（深度）不同，其境界剥采比也不同；在大多数情况下，境界剥采比随着境界深度 D 的增加而增加。是否应该把增量（dO 和 dW）算作境界的一部分予以开采，取决于多采的矿石 dO 所带来的纯收益是否足以抵消多剥离 dW 的成本，或者说，采剥 dO 和 dW 所带来的盈利增量 dP 是否为正。这分两种情况：

（1）如果开采境界增量（dO 和 dW）所带来的盈利增量 dP 为正，就应该把境界扩大到虚线所示位置（延深到 $D + dD$），因为这样能够提高总盈利；同时，这也意味着，若把虚线境界再次扩大（延深）一个增量，这一增量有可能继续带来正的盈利增量。所以，需

要一个增量一个增量地逐步扩大（延深）境界，直到盈利增量为负，就不再扩大（延深），这时的境界（不包括最后一次盈利增量为负的增量）即为最佳境界。

（2）如果把图 2-8 中的的实线境界扩大（延深）到虚线境界，开采境界增量（dO 和 dW）所带来的盈利增量 dP 为负，境界就不应该扩大（延深），因为这样会使总盈利下降；同时，这也意味着，要是把实线境界缩小一个增量，该增量对应的盈利增量可能仍然为负，即应该把境界缩小。所以，需要一个增量一个增量地逐步缩小境界，直到盈利增量为正，就不再缩小。这时的境界即为最佳境界。

以上所述可以概括为：如果境界增量所带来的盈利增量 dP 为正，就应该将境界扩大一个增量；如果境界增量所带来的盈利增量 dP 为负，就应该将境界缩小一个增量。这也揭示出，最佳境界是盈利增量 dP 为 0 的那个境界，该境界的总盈利最大。

盈利增量 dP 取决于境界剥采比 R_j 和相关技术经济参数以及企业的最终产品。设矿山企业的最终产品为精矿；采场的矿石回采率为 r_m，废石混入率为 ρ，混入的废石品位为 g_w；选厂的金属回收率为 r_p，精矿品位为 g_p 且不随入选品位变化，该品位精矿的单位售价为 p_p；单位剥岩成本为 C_w，单位采矿成本为 C_m，单位入选矿石的选矿成本为 C_p；dO 的地质品位（即原地品位）为 g_o。那么，采剥增量 dO 和 dW 带来的盈利增值 dP 为：

$$dP = \frac{r_m dO}{(1-\rho)g_p}\left[g_o - \rho(g_o - g_w)\right]r_p p_p - \frac{r_m dO}{1-\rho}(C_m + C_p) -$$
$$dW C_w - \left(1 - r_m - \frac{r_m \rho}{1-\rho}\right)dO C_w \tag{2-3}$$

将 $dW = R_j dO$ 代入上式并两边都除以 dO，得：

$$\frac{dP}{dO} = \frac{r_m}{(1-\rho)g_p}\left[g_o - \rho(g_o - g_w)\right]r_p p_p - \frac{r_m}{1-\rho}(C_m + C_p) -$$
$$R_j C_w - \left(1 - r_m - \frac{r_m \rho}{1-\rho}\right)C_w \tag{2-4}$$

从上式可以看出，对于给定的相关技术经济参数，单位原地矿石增量的盈利增量 dP/dO，随境界剥采比 R_j 的增加而减小，因为开采 1 吨矿石需要花费更多的剥岩费用。只要盈利增量大于零，就应开采 dW 和 dO，因为这样会使总盈利 P 增加。当盈利增量 dP 或 dP/dO 为零时，总盈利达到最大值，这时的境界即为最佳境界。盈利增量为零时的境界剥采比称为**盈亏平衡剥采比**（Breakeven Stripping Ratio）或**经济合理剥采比**，用 R_b 表示。令 $dP/dO = 0$，从上式可解得 R_b：

$$R_b = \frac{r_m r_p}{(1-\rho)g_p}[\,g_o - \rho(g_o - g_w)\,]\frac{p_p}{C_w} - \frac{r_m}{1-\rho}\frac{(C_m + C_p)}{C_w} - $$

$$\left(1 - r_m - \frac{r_m \rho}{1-\rho}\right) \tag{2-5}$$

在传统的最终境界设计方法中，设计准则就是境界剥采比等于经济合理剥采比。这一设计准则的经济实质是境界的总盈利最大。

依据这一准则的境界设计步骤可简单概括为：在一个横剖面（垂直于矿体走向的垂直剖面）上试验不同位置（深度）的境界，计算其境界剥采比，直到找到一个境界剥采比等于或足够接近经济合理剥采比的境界，就找到了该剖面上的最佳境界；在设定的所有横剖面上都重复这一试验，找出每个横剖面上的最佳境界；然后在纵剖面上和平面投影图上对境界进行调整，并加入运输坑线，得出一个完整的可行境界。

在传统的手工设计中，为简化计算，境界剥采比不是以增量 dW 和 dO 计算的，而是把 dW 和 dO 分别以横剖面上的境界帮线和坑底线经过适当的几何换算后的线段的长度代替，即所谓的线段比法。它适用于走向较长的矿体。如果矿体的走向长度较短，设计出的境界的长度与宽度就相差不太大，就采用在平面投影图上试验境界内的废石投影面积与矿石投影面积之比来表示境界剥采比，即所谓的面积比法。

从式（2-5）可知，经济合理剥采比不仅是成本、价格、矿石回采率、选矿金属回收率、废石混入率、精矿品位等技术经济参数的函数，而且是矿体和废石的地质品位的函数。在设计过程中，试验境界处于不同位置（深度）时，矿体和废石的地质品位也不同。所以，即使是把上述技术经济参数看作常数，不同位置（深度）的境界处的经济合理剥采比也不同。因此,要想找到使总盈利最大的最佳境界,就要求以深入细致的地质工作尽可能详细地确定出矿床中不同位置的矿石品位和废石品位(最好是建立起矿床的块状品位模型);在境界设计中把品位的变化考虑进去,对于每一个试验境界都计算其经济合理剥采比。然而在实践中,往往是取矿体和废石的平均品位计算一个不变的经济合理剥采比,把它应用于所有试验境界。在许多情况下,甚至不考虑废石混入与废石品位。

2.4　工作帮坡角与生产剥采比

在开采过程中,正在被开采的台阶称为**工作台阶**或**工作平盘**,其要素如图2-9所示。工作台阶正在被爆破、采掘的部分称为**爆破带**或**采区**,其宽度称为**爆破带宽度**或**采区宽度**(W_C)。在台阶推进过程中,一个工作台阶一般不能直接推进到上一个台阶的坡底线位置,而是留有一定宽度(W_S)的安全平台,其作用是收集从上部台阶滑落的碎石和阻止大块岩石滚落。采区宽度与安全平台宽度之和是**工作平盘宽度**(W)。

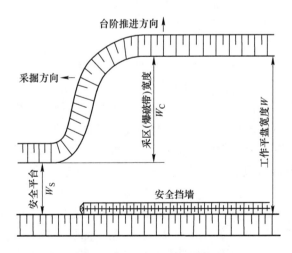

图2-9　工作平盘要素示意图

开采中,采掘设备(一般为电铲)和运输设备(一般为汽车)

在正被开采的工作台阶的坡底线水平（即在下一台阶的坡顶面上）作业。为了使采掘和运输设备以较高的效率作业，工作平盘应具有足够的宽度。刚刚满足正常采运作业所需的工作平盘宽度称为**最小工作平盘宽度**。这一宽度也是两个相邻工作台阶在推进过程中，上部台阶必须超前于下部台阶的最小距离。

最小工作平盘宽度取决于采掘方式、调车方式以及铲装和运输设备的作业参数。图 2-10 所示是"双向行车、折返调车、平行采掘、双点装车"的情形，其最小工作平盘宽度为：

$$W_{\min} = 2R + d + 2e + s \tag{2-6}$$

式中　R——汽车的最小转弯半径；

　　　d——汽车车体宽度；

　　　e——汽车与台阶坡底线和安全挡墙之间的安全距离；

　　　s——安全挡墙宽度。

其他产装与调车方式的最小工作平盘宽度略。

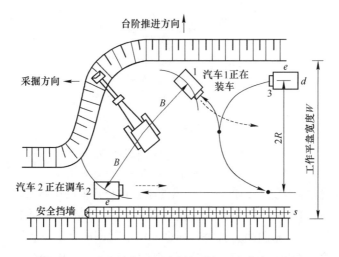

图 2-10　双向行车折返调车平行采掘双点装车示意图

工作台阶组成的边帮称为**工作帮**。图 2-11 所示的剖面中，上部几个台阶已经靠帮，形成了最终帮坡；上盘和下盘分别有 5 和 3 个工作台阶，组成了上、下盘的工作帮。如果把阶梯状的工作帮简化为斜面（剖面上为一条斜线），那么，该斜面（斜线）与水平面的夹角 θ 称为**工作帮坡角**。工作帮坡角的计算与最终帮坡角相同，把式（2-1）中的安全平台宽度换为工作平盘宽度即可。工作帮坡角取决于台阶高度、台阶坡面角和工作平盘宽度。对于一个给定矿山，台阶高度一经设定，一般不再改变（即使出于某种原因发生改变，变化幅度也有限），台阶坡面角取决于岩石的力学性质与节理发育程度和方向，难以人为地提高（人为地放缓没有任何意义）。所以，工作帮坡角主要取决于工作平盘宽度，工作平盘宽度越大，工作帮坡角就越缓。当每个工作平盘的宽度都为最小工作平盘宽度时，工作帮坡角是在正常生产条件下可能达到的**最大工作帮坡角**。工作帮坡角也是露天矿生产中的一个重要参数，它影响到生产过程中生产剥采比随时间的变化，进而影响总体经济效益。

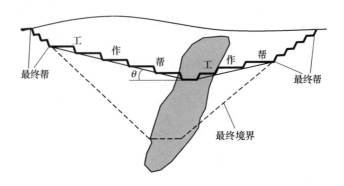

图 2-11 工作帮与工作帮坡角

开采过程中某一时间段内剥离的废石量与开采的矿石量之比，称为该时间段的**生产剥采比**。若把台阶状的工作帮在剖面上以斜线（在三维空间为斜曲面）代替，那么工作帮（即所有工作台阶）下降一个台阶高度所采剥的矿石和废石量，就是图 2-12 中一个条带里的矿石和废石量，该废石量与矿石量之比即为这一开采时段的生产剥采比。

生产剥采比随开采深度（或时间）的变化特征，取决于矿体形态及其赋存条件、境界形态、地表地形、工作帮坡角、掘沟位置等。

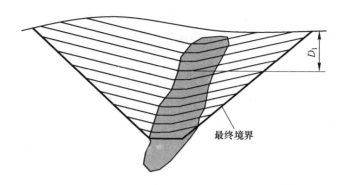

图 2-12 工作帮与生产剥采比

对于矿体为倾斜或急倾斜的矿床，生产剥采比一般随开采深度呈现先上升后下降的特征，图 2-12 所示即为此种情况。在图 2-12 所示的剖面上，剥离高峰（最大生产剥采比）出现在开采深度 D_1。

对于相同的矿体、境界、地表地形和掘沟位置，工作帮坡角变陡后的情形如图 2-13 所示。可以看出，工作帮坡角变陡后，前期的生产剥采比降低了，剥离高峰被推迟了（从开采深度 D_1 推迟到更大的深度 D_2）。这种变化导致前期的剥离费用变低而后期的剥离费用变高，相当于部分剥离费用后移，从而提高了矿山的总净现值（或投资收益率）。

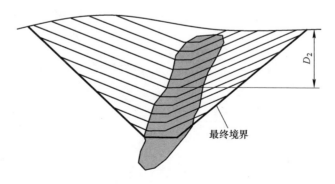

图 2-13 工作帮坡角变陡后的生产剥采比

因此，对于大多数金属露天矿，应尽量提高工作帮坡角，以获得最大的投资收益率。然而，这一点在我国并未引起重视。有些矿山的工作平盘宽度远大于正常作业所需要的宽度，工作帮坡角很小。这样做相当于提前投入大量资金剥岩，降低了生产前期的净盈利，从而降低了矿山的投资收益率。

即使是每个工作台阶都采用最小工作平盘宽度，工作帮坡角也很小。例如，当台阶高度为15m，台阶坡面角为60°，最小工作平盘宽度为35m时，工作帮坡角也就只有19°；如果台阶高度为12m，其他参数不变，工作帮坡角只有16°。

提高工作帮坡角的最有效方法是采用组合台阶开采。**组合台阶**是将若干个台阶归为一组，组成一个组合开采单元。图2-14所示是把三个台阶组合为一个组合单元的情形。在一个组合单元中，任一时间一般只有一个台阶处于工作状态，保持正常的工作平盘宽度，自上而下逐台阶开采；组合中的其他台阶处于待采状态，只保持安全平台的宽度，这样就大大提高了工作帮的总体帮坡角。如果需要提高开采强度，在一个组合单元内也可以有两个（或更多）台阶以尾追工作面的方式同时开采，如图2-15所示。组合台阶开采在发达国家被广泛应用。由于其采剥计划的编制和运输坑线的布置都较为复杂，以及对动态经济效益的不重视和设计习惯等原因，在我国鲜有应用。

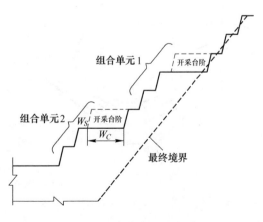

图2-14　组合台阶示意图

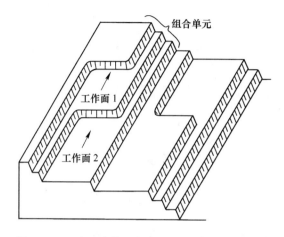

图 2-15 一个组合单元内尾追式工作面布置示意图

2.5 分期开采

在前面描述的开采过程中，工作台阶沿水平方向一直推进到最终境界，这种开采方式称为**全境界开采**。由于工作帮坡角比最终帮坡角缓得多（尤其是不采用组合台阶开采时），全境界开采的初期生产剥采比高，大型深凹露天矿尤为如此。因此，全境界开采的基建时间长、投资大，前期剥岩量大、剥岩费用高，不能获得高投资收益率。

与全境界开采方式相对应的是**分期开采**。所谓**分期开采**，就是将最终开采境界划分成若干个中间境界，称为**分期境界**；台阶在每一分期内的一定时期只推进到相应的分期境界；在适当的时候，开始在当前分期境界和下一分期境界之间进行采剥，称为**分期扩帮**或**扩帮过渡**，逐步过渡到下一分期境界的正常开采；如此逐期开采、逐期过渡，直至推进到最后一个分期境界，即最终境界。

图 2-16 是分期开采概念示意图。从图中可以看出，由于第一分期境界比最终境界小得多，所以前期剥采比大大降低，从而降低了初期投资和前期剥离费用，提高了前期数年的净盈利，提高了矿山的总净现值或投资收益率。

分期开采的另一个重要优点，是可以降低由地质储量及其品位的

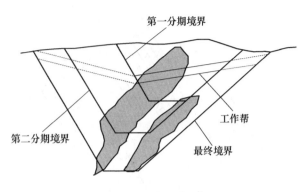

图 2-16   分期开采示意图

不可确知性和市场的不确定性所带来的投资风险。一个大型露天矿一般具有几十年的开采寿命，在可行性研究（或初步设计）时确定的最终境界，在几十年以后才能形成。在科学技术快速发展、经济环境不断变化的环境中，即使在设计时对未来的相关经济技术进行各种预测，也不可能准确把握其变化，尤其是矿产品市场的变化；矿床的真实储量及其品位也可能与当初的估算有较大的差异。这就意味着，在设计最终境界时采用的技术经济参数以及矿床品位模型在一个时期后将不再适用，最初设计的最佳境界也不再合理，甚至是一个糟糕的境界。因此，最终境界的设计应当是一个动态过程，而不应是一成不变的。一开始就将台阶推进到最终境界，是高风险和不明智的。

若采用分期开采，最初设计的各分期境界中，只有第一分期（或头两个分期）的境界是"生产性"的，之后各期的境界都是参考性的。在一个分期将要向下一分期过渡时，可充分利用在开采过程中获得的更为详细的矿床地质资料和当时的技术经济参数，对矿床未开采部分建立新的矿床模型，重新优化设计未来的分期境界。依此类推，直至开采结束。

实践证明，许多大型露天矿最终形成的境界，与可行性研究（或初步设计）阶段设计的最终境界有很大的差别。采用分期开采，随着地质条件的揭露和经济、技术环境的变化，逐期、动态地刷新矿床模型和境界设计，就能最大程度地降低投资风险。

分期开采的采剥计划编制要比全境界开采更复杂,并要求对开采程序实行严格管理,以保证采剥计划的执行。在从一个分期向下一个分期的过渡阶段,合理的采剥计划及其执行尤为重要:若过渡得太早,则会不必要地提前剥岩,与分期开采的目的相悖;若过渡得太晚,因下一分期境界上部台阶没有矿石或矿石量很少,而其下部台阶还未被揭露,从而造成一段时间内矿石减产甚至是纯剥离的被动局面。所以,在编制采剥计划时,必须对分期之间的过渡时间以及过渡期内的生产进行全面、周密的安排,并在实施中实行严格的生产组织管理,按计划执行。

分期扩帮通常采用组合台阶开采。在不同的扩帮区段,可以根据扩帮强度需要、分期境界边帮间的水平距离和采场形态,灵活安排扩帮工作面。图 2-17 所示是采用组合台阶扩帮、组合单元内两个工作面尾追式同时开采的情形。

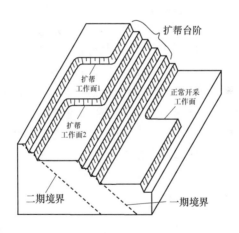

图 2-17　组合台阶－尾追式工作面分期扩帮

在某些矿山,由于矿体赋存形态和地形等条件合适,设计的分期数目很多,分期境界之间的水平距离较小,扩帮是连续进行的,即当前分期正常开采一开始,向下一分期的扩帮工作就已经开始了。这样,正常开采与扩帮始终平行进行。如图 2-18 所示,在正常开采 Ⅰ 的同时在 1 处扩帮,在正常开采 Ⅱ 的同时在 2 处扩帮,依此类推。这种开采方式称为**连续扩帮开采**。

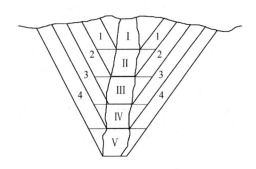

图 2-18　连续扩帮开采示意图

　　分期开采较全境界开采更符合露天矿建设与生产发展规律，可以最大程度地降低投资风险、提高投资收益率，在发达国家得到十分广泛的应用。在我国，一些矿山在开采到接近最终境界时，对境界进行重新设计，也称之为"下一期境界"。这种方式似乎也是分期开采，但并不是真正意义上的分期开采。因为在设计境界时，并没有"主动"分成若干期进行设计，只是在原设计境界将要开采结束时，发现剩余储量及当时的技术经济条件仍然适合于露天开采，重新设计了一个最终境界而已。迄今为止，我国还没有矿山是采用分期开采的概念进行设计、在生产中实行主动式分期开采的。这也是我国露天开采技术与世界先进水平之间的主要差距之一。

3 矿 床 模 型

矿床模型是矿山优化设计的基础，模型的质量对优化结果有重要影响。从上世纪 60 年代被提出以来，矿床模型在矿山设计与生产中的应用日益广泛，建立模型的方法也在不断发展。本章主要针对金属矿床，简要介绍优化设计中常用的矿床模型及其建模方法。

3.1 矿床模型基本概念与类型

在传统的露天矿设计中，直接使用的地质资料是剖面图和分层平面图上的矿岩界线。探矿结束后，把探矿钻孔及其取样的品位数据投影到沿每条勘探线的垂直剖面上，依据设定的边界品位和一定的矿体圈定规则，在剖面上圈定出矿体以及各种岩性的岩石，得到剖面上的矿岩界线，并对矿体进行分层（或分条）命名；然后以位于每个台阶水平的水平面去切割各剖面上的矿岩界线，连接同一矿岩层上的切割点形成平面上的矿岩界线，得到各个台阶水平的分层平面图。对于图上的每一个矿石界线多边形，通常还依据取样品位计算出其平均品位。在境界设计、采剥计划编制等工作中，所有矿石量、废石量和成本、收益等的计算，均是基于这些剖面图和分层平面图完成的。在一些情况下，为了更准确地计算端帮处的境界剥采比，以便更好地控制境界的端帮形态，还需切割出一些辅助剖面。

计算机的出现及其在矿山设计和生产中的应用，促进了相关优化方法与算法的研究与应用。矿山优化设计中最基本的决策，就是决定是否开采某一块段的矿石，剥离某一块段的废石，以及何时开采和剥离最好。上述以矿岩界线表述的地质数据，由于其不规则性，非常不适合计算机处理。于是块状矿床模型应运而生。

所谓**块状矿床模型**就是将矿床的空间范围划分为许多单元块所形成的离散模型。为了计算机处理方便，几乎所有为优化设计而建立的矿床模型，其单元块都是大小相等的长方体（对于三维模型）或长方形（对于二位模型），所以也称为**规则块状模型**或**栅格模型**。模型中的单元块称为**模块**。矿床模型中每一个模块被赋予一个或数个特征值（也称为属性）。有了矿床模型，形态规则且体积相等的模块就成为优化设计中的决策单元，优化中的矿石量、废石量和成本、收益等均可基于模块的属性方便地计算，这就大大方便了优化数学模型的建立及其算法的设计。

优化设计中用到的基本模型之一是**品位模型**。品位模型中的每一模块的主特征值是该模块的平均品位，品位模型有时也称为**地质模型**。品位模型是三维模型，它是把矿床建模范围的三维空间，用间距规则的一组水平面（$X-Y$ 平面）、两组正交垂直平面（$X-Z$ 和 $Y-Z$ 平面）切割成大小相等的三维模块而形成的，如图3-1所示。每一模块是一个长方体，其垂直方向的高度一般等于台阶高度，水平方向一般为正方形。

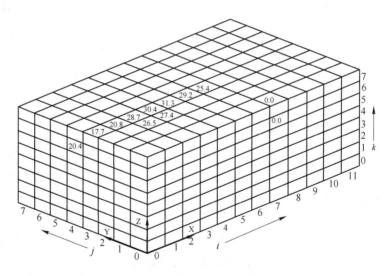

图 3-1   三维品位模型示意图

模块的位置用其中心的 X、Y、Z 坐标表示。如图3-1所示，可以把位于模型中最低层的左下角的那个模块作为"原点模块"，其中心的 X、Y、Z 坐标分别为 x_0、y_0、z_0；模块在 X、Y、Z 方向上的序

号用 i、j、k 表示，且原点模块的 i、j、k 序号均为 0；模块在 X、Y、Z 方向上的边长分别为 a_x、a_y、a_z。那么，模型中任意一个模块中心的 X、Y、Z 坐标 (x_i, y_j, z_k) 就可用下式求得：

$$\left.\begin{array}{l} x_i = x_0 + ia_x \\ y_j = y_0 + ja_y \\ z_k = z_0 + ka_z \end{array}\right\} \tag{3-1}$$

在品位模型的数据结构设计中，如果为了节省内存，可以不记录模块的坐标值，而是在使用模型时依据上式即时计算。对于一个有上百万个模块的大型模型，这样做节省的内存很可观。然而，即时计算模块坐标会增加应用程序的计算量，延长运行时间。当今计算机的内存配置都是以 G 为单位的，所以对于绝大多数矿床而言内存一般不是问题，而提高运行速度是编程的主要目标。因此，一般都是在建立模型时就一次性计算出每个模块的坐标值并加以记录和存储，应用时从数据结构中直接读取。

优化设计中用到的另一个基本模型是**地表标高模型，简称标高模型**。标高模型是二维模型，它是把矿床在水平面的范围划分为二维模块形成的离散模型，模块的特征值是模块中心处的标高。模块一般为正方形，且所有模块大小相等。标高模型主要用于描述原始地表地形、最终境界形态和生产矿山的采场现状等，如图 3-2 所示。图中每一方格为一个模块，其中的数字是模块中心处的标高，曲线为等高线。

将矿床划分为模块后，需要应用某种方法依据已知数据（一般为钻孔取样和地表地形等高线）对每个模块的特征值进行估算。估值后，特征值在模型范围内每一位置变为已知，便于各种相关计算。例如，对品位模型中每个模块的品位进行估算后，相当于模型范围内每一位置的品位变为已知，可以方便地圈定矿体，进行矿量和品位计算。

本章着重介绍两种常用的模块品位估值方法——地质统计学法和距离反比法，并对价值模型、标高模型等的建立作简要介绍。

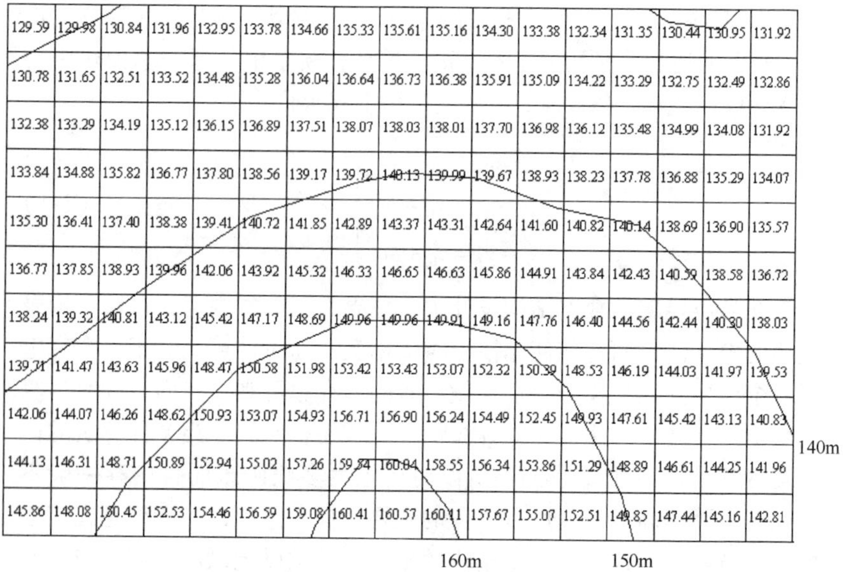

129.59	129.98	130.84	131.96	132.95	133.78	134.66	135.33	135.61	135.16	134.30	133.38	132.34	131.35	130.44	130.95	131.92
130.78	131.65	132.51	133.52	134.48	135.28	136.04	136.64	136.73	136.38	135.91	135.09	134.22	133.29	132.75	132.49	132.86
132.38	133.29	134.19	135.12	136.15	136.89	137.51	138.07	138.03	138.01	137.70	136.98	136.12	135.48	134.99	134.08	131.92
133.84	134.88	135.82	136.77	137.80	138.56	139.17	139.72	140.13	139.99	139.67	138.93	138.23	137.78	136.88	135.29	134.07
135.30	136.41	137.40	138.38	139.41	140.72	141.85	142.89	143.37	143.31	142.64	141.60	140.82	140.14	138.69	136.90	135.57
136.77	137.85	138.93	139.96	142.06	143.92	145.32	146.33	146.65	146.63	145.86	144.91	143.84	142.43	140.59	138.58	136.72
138.24	139.32	140.81	143.12	145.42	147.17	148.69	149.96	149.96	149.91	149.16	147.76	146.40	144.56	142.44	140.30	138.03
139.71	141.47	143.63	145.96	148.47	150.58	151.98	153.42	153.43	153.07	152.32	150.39	148.53	146.19	144.03	141.97	139.53
142.06	144.07	146.26	148.62	150.93	153.07	154.93	156.71	156.90	156.24	154.49	152.45	149.93	147.61	145.42	143.13	140.83
144.13	146.31	148.71	150.89	152.94	155.02	157.26	159.54	160.84	158.55	156.34	153.86	151.29	148.89	146.61	144.25	141.96
145.86	148.08	150.45	152.53	154.46	156.59	159.08	160.41	160.57	160.11	157.67	155.07	152.51	149.85	147.44	145.16	142.81

140m

160m   150m

图 3-2　地表标高模型示意图

3.2　地质统计学概论——克里金估值法

地质统计学（Geostatistics）是 20 世纪 60 年代初期出现的一个新兴应用数学分支，其基本思想是由南非的 Danie Krige 在金矿的品位估算实践中提出来的，后来由法国的 Georges Matheron 经过数学加工，形成了一套完整的理论体系。在过去的半个多世纪中，地质统计学不仅在理论上得到发展与完善，而且在实践中得到日益广泛的应用。如今，地质统计学在国际上除被用于矿床的品位估值外，还被用于其他领域中研究与位置有关的参数估计，如农业中农作物的收成、环保中污染物的分布等等。本节将从矿床的品位估值的角度，简要介绍地质统计学的基本概念、原理和方法。

3.2.1　基本概念与函数

应用传统统计学（"传统"二字是相对于地质统计学而言的）可以对矿床的取样数据进行各种分析，并估计矿床的平均品位及其置信区间。在给定边界品位时，传统统计学也可用于初步估算矿石量和矿石平均品位。然而，传统统计学的分析计算均基于一个假设，即样品是从一个未知的样品空间随机选取的，而且是相互独立的。根据这一假设，样品在矿床中的空间位置是无关紧要的，从相隔上千米的矿床两端获取的两个样品与从相隔几米的两点获取的两个样品从理论上讲是没有区别的，它们都是一个样本空间的两个随机取样而已。

但是在实践中，相互独立性是几乎不存在的，钻孔的位置（即样品的选取）在绝大多数情况下也不是随机的。当两个样品的空间距离较小时，样品间会存在较强的相似性；而当距离很大时，相似性就会减弱或消失。也就是说，样品之间存在着某种联系，这种联系的强弱是与样品的相对位置有关的。这样就引出了区域化变量的概念。

3.2.1.1 区域化变量与协变函数

如果以空间一点 z 为中心获取一个样品，样品的特征值 $X(z)$ 是该点的空间位置 z 的函数，那么随机变量 X 即为一**区域化随机变量**，简称**区域化变量**。

显然，矿床的品位是一个区域化变量，而控制这一区域化变量之变化规律的是地质构造和矿化作用。区域化变量的概念是整个地质统计学理论体系的核心，用于描述区域化变量变化规律的基本函数是协变异函数和半变异函数。

设有两个随机变量 X_1 与 X_2，如果 X_1 与 X_2 之间存在某种相关性，那么从传统统计学可知，这种相关关系由 X_1 与 X_2 的协方差 $\sigma(X_1, X_2)$ 表示：

$$\sigma(X_1, X_1) = E\left[(X_1 - E[X_1])(X_2 - E[X_2])\right] \tag{3-2}$$

用 $\sigma_{X_1}^2$ 和 $\sigma_{X_2}^2$ 分别表示 X_1 和 X_2 的方差，则：

$$\sigma_{X_1}^2 = E\left[(X_1 - E[X_1])^2\right] \tag{3-3}$$

$$\sigma_{X_2}^2 = E\left[(X_2 - E[X_2])^2\right] \tag{3-4}$$

式中，$E[X]$ 表示随机变量 X 的数学期望。

X_1 与 X_2 之间的相关系数为：

$$\rho_{X_1 \cdot X_2} = \frac{\sigma(X_1, X_2)}{\sigma_{X_1} \sigma_{X_2}} \tag{3-5}$$

当 X_1 与 X_2 互相独立时，即两者之间不存在任何相关性时，两者的协方差与相关系数均为零；当 X_1 与 X_2 完全相关时，相关系数为 1.0 （或 -1.0）。

如果 X_1 和 X_2 不是一般的随机变量，而是区域化变量 X 在矿床 Ω 中的取值，即：

X_1 代表 $X(z)$：区域化变量 X 在矿床 Ω 中 z 点的取值，

X_2 代表 $X(z+h)$：区域化变量 X 在矿床 Ω 中距 z 点 h 处的取值，那么，由式 (3-2) 可以计算 $X(z)$ 与 $X(z+h)$ 在矿体 Ω 中的协方差：

$$\sigma(X(z),X(z+h)) = \sigma(h)$$
$$= E[(X(z) - E[X(z)])(X(z+h) - E[X(z+h)])]$$
$$(3-6)$$

式中，$\sigma(h)$ 称为区域化变量 X 在 Ω 中的**协变函数**（Covariogram）。

让 σ_1^2 和 σ_2^2 分别表示 $X(z)$ 与 $X(z+h)$ 在矿体 Ω 中的方差，则：

$$\sigma_1^2 = E[(X(z) - E[X(z)])^2] \qquad (3-7)$$
$$\sigma_2^2 = E[(X(z+h) - E[X(z+h)])^2] \qquad (3-8)$$

那么 $X(z)$ 与 $X(z+h)$ 之间的相关系数为：

$$\rho(h) = \frac{\sigma(h)}{\sigma_1 \sigma_2} \qquad (3-9)$$

式中，$\rho(h)$ 称为区域化变量 X 在 Ω 中的**相关函数**（Correlogram）。

对于任何矿床，都可能计算出其协变函数 $\sigma(h)$。但在利用 $\sigma(h)$ 对矿床模型中模块的品位进行估值时，需满足**二阶稳定性条件**（Second order stationary conditions）：

(1) $X(z)$ 的数学期望与空间位置 z 无关，即对任意位置 z_0，有：

$$E[X(z_0)] = \mu \qquad (3-10)$$

(2) 协变函数与空间位置无关，只与距离向量 h 有关，即对于任何位置 z_0，有：

$$E[(X(z_0) - \mu)(X(z_0 + h) - \mu)] = \sigma(h) \qquad (3-11)$$

当式 (3-11) 成立时，$X(z)$ 与 $X(z+h)$ 的方差相等，即 $\sigma_1^2 = \sigma_2^2 = \sigma^2$，相关函数变为：

$$\rho(h) = \frac{\sigma(h)}{\sigma^2} \qquad (3-12)$$

3.2.1.2 半变异函数

用于描述区域化变量变化规律的另一个更具实用性的函数是**半变异函数**(Semivariogram)。半变异函数的定义为：

$$\gamma(h) = \frac{1}{2}E\left[\left(X(z) - X(z+h)\right)^2\right] \tag{3-13}$$

如果满足二阶稳定性条件，半变异函数和协变异函数之间存在以下关系：

$$\gamma(h) = \sigma^2 - \sigma(h) \tag{3-14}$$

图 3-3 是关系式 (3-14) 的示意图。

当 $h = 0$ 时，点 z 和 $z+h$ 变为一点，区域化变量 X 的取值 $X(z)$ 与 $X(z+h)$ 应变为同一取值。从以上各式可以看出：$\sigma(0) = \sigma^2$，$\gamma(0) = 0$。实际上，在同一位置获得两个完全相同的样品几乎是不可能的。如果从紧挨着的两点（$h \approx 0$）取两个样品，由于取样过程中的误差和微观矿化作用的变化，两个样品的品位有可能不相等；即使是把

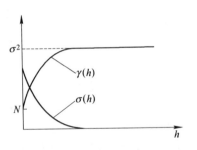

图 3-3　半变异函数与协变函数的关系示意图

同一个样品化验两次，由于化验过程中的误差，化验结果也可能不同。因此，对于现实数据，在许多情况下半变异函数在原点附近不等于零（见图 3-3），这种现象称为**块金效应**(Nugget effect)。块金效应的大小用块金值 N 表示：

$$N = \lim_{h \to 0}\gamma(h) = \sigma^2 - \lim_{h \to 0}\left[\sigma(h)\right] \tag{3-15}$$

应用半变异函数进行估值时，需满足**内蕴假设**(Intrinsic Hypothesis)：

(1) 区域化变量 X 的增量的数学期望与位置无关，只与距离向量 h 有关，即对于区域 Ω 内的任意位置 z_0，有：

$$E\left[X(z_0) - X(z_0 + h)\right] = m(h) \tag{3-16}$$

(2) 半变异函数与位置无关，即对于区域 Ω 内的任意位置 z_0，

有:

$$\frac{1}{2}E[(X(z_0) - X(z_0 + h))^2] = \gamma(h) \qquad (3-17)$$

内蕴假设的内涵是:区域化变量的增量在给定区域 Ω 内的所有位置上具有相同的概率分布。内蕴假设要求的条件要比二阶稳定性条件宽松得多,当满足后者时,前者自然得到满足。

3.2.2 实验半变异函数及其计算

像普通随机变量的概率分布特征量一样,半变异函数对任一给定矿床 Ω 是未知的,需要通过取样值对之进行估计。

设从矿床 Ω 中获得一组样品,相距 h 的样品对数为 $n(h)$,那么半变异函数 $\gamma(h)$ 可以用下式估计:

$$\gamma(h) = \frac{1}{2n(h)} \sum_{i=1}^{n(h)} [x(z_i) - x(z_i + h)]^2 \qquad (3-18)$$

式中, $x(z_i)$ 是在位置 z_i 处的样品值; $x(z_i + h)$ 是在与 z_i 相距 h 处的样品值; $x(z_i)$ 和 $x(z_i + h)$ 组成相距 h 的一个样品对。

由式(3-18)计算的半变异函数称为**实验半变异函数**。下面举例说明实验半变异函数的计算。

首先是一个一维算例。如图 3-4 所示,在一条直线上取得 10 个样品,图中每个圆点为一个样品,圆点旁的数字为样品的品位。试基于这组样品计算品位的实验半变异函数。

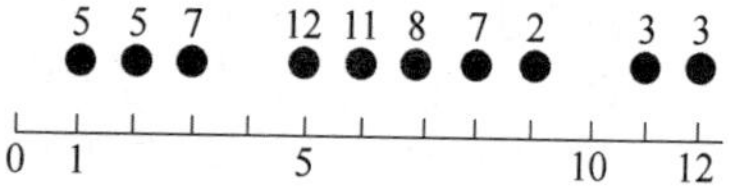

样品是一个离散集,因此我们只能对几个离散 h 值计算 γ (h)。应用公式(3-18)计算的结果列于表 3-1 中并绘于图 3-5。以 $h = 3$ 为例,计算过程列于表 3-2。

图 3-4　一维取样分布

表 3-1　一维算例的实验半变异函数计算结果

间距 h	1	2	3	4
样品对数 $n(h)$	7	6	6	6
$\gamma(h)$	2.857	8.167	15.667	18.917

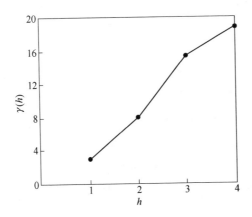

图 3-5 一维算例的实验半变异函数

表 3-2 一维算例 $h = 3$ 时 $\gamma(h)$ 的计算过程

样品对的品位		计 算	
$x(z)$	$x(z+3)$	$x(z) - x(z+3)$	$(x(z) - x(z+3))^2$
5	12	-7	49
7	11	-4	16
12	7	5	25
11	2	9	81
7	3	4	16
2	3	-1	$+1$
$\gamma(3) = 188/12 = 15.667$			188

在一维空间计算实验半变异函数，不需要考虑方向的问题；在二维或三维空间，半变异函数是具有方向性的，即在不同的方向上，半变异函数可能不一样。下面是一个在二维空间计算实验半变异函数的算例。

如图 3-6 所示，在某一台阶面上取样 31 个，样品位于间距为 1 的规则网格点上（图中的圆点），各样品的品位如圆点旁的数字所示。试求图中右侧所标示的 4 个方向上的实验半变异函数。

在任一方向上，计算过程与上例相同。只是在一给定方向上选

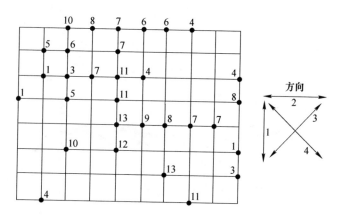

图 3-6 二维取样分布

取间距为 h 的样品对时，只能在该方向上选取。方向 1 和 2 上的实验半变异函数计算结果列于表 3-3，方向 3 和 4 上的计算结果列于表 3-4。

表 3-3 方向 1 和 2 上的实验半变异函数计算结果

方 向	$h = 1$		$h = 2$		$h = 3$	
	$n(h)$	$\gamma(h)$	$n(h)$	$\gamma(h)$	$n(h)$	$\gamma(h)$
1	11	3.91	12	9.00	8	11.06
2	14	4.07	14	7.64	9	15.22

表 3-4 方向 3 和 4 上的实验半变异函数计算结果

方 向	$h = \sqrt{2}$		$h = 2\sqrt{2}$		$h = 3\sqrt{2}$	
	$n(h)$	$\gamma(h)$	$n(h)$	$\gamma(h)$	$n(h)$	$\gamma(h)$
3	10	5.90	11	12.09	6	20.08
4	9	5.06	12	12.92	6	16.83

若将平面上所有方向上相距为 h 的样品对都用于计算 $\gamma(h)$，得到的实验半变异函数称为该平面上的**平均实验半变异函数**。本例中的平均实验半变异函数计算结果列于表 3-5。所有 4 个方向上的实验半变异函数与平均半变异函数计算结果绘于图 3-7。

表3-5 平均实验半变异函数计算结果

h	1	$\sqrt{2}$	2	$2\sqrt{2}$	3	$3\sqrt{2}$
$n(h)$	25	19	26	23	17	12
$\gamma(h)$	4.00	5.50	8.27	12.52	13.26	18.46

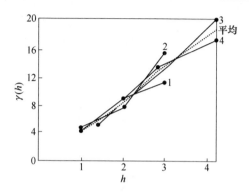

图3-7 二维算例在不同方向上的实验半变异函数

在实践中，样品在平面上的分布可能很不规则，不可能所有样品都位于规则的网格点上，样品间的距离也不会是一个基数的整数倍，而且往往需要计算任意方向的实验半变异函数。因此，恰好落在指定方向的方向线上、间距又恰好等于给定 h 的样品对很少，几乎不存在。所以，如图3-8 所示，在计算实验半变异函数时，需要确定一个最大方向角偏差 $\Delta\alpha$ 和距离偏差 Δh。如果一对样品 $x(z_i)$ 和 $x(z_j)$ 所在的位置所连成的向量 $z_i \rightarrow z_j$ 的方向落于 $\alpha - \Delta\alpha$ 和 $\alpha + \Delta\alpha$ 之间，那么就可以认为 $x(z_i)$ 和 $x(z_j)$ 是在方向 α 上的一个样品对；如果样品 $x(z_i)$ 和 $x(z_j)$ 之间的距离落于 $h - \Delta h$ 和 $h + \Delta h$ 之间，就可认为这两个样品是相距 h 的一个样品对。$2\Delta\alpha$ 称为窗口（window）。在实际计算中，往往以 $2\Delta h$ 作为 h 的增量（也称为"步长"），以 Δh 作为最小 h 值（也称为"偏移量 Offset"）。例如，当 $2\Delta h = 10m$ 时，h 取 5m，15m，25m 等等；对于 $h = 15m$，间距落入区间 $[10m，20m]$ 的样品对都用于计算 $\gamma(h_{15})$，h_{15} 是落入区间 $[10m，20m]$ 的所有样品对的间距的平均值。用这一平均距离而不是直接用 15m，是为了提高计算结果的准确度。

在三维空间，图 3-8 中的角度偏差扇区变为图 3-9 中的锥体，空间的某一方向由方位角 φ 与倾角 Ψ 表示。另外，在三维空间，一个样品不是一个二维点，而是具有一定长度的三维体，在计算实验半变异函数之前，需要将样品进行组合处理，形成等长度的组合样品。在计算中，首先要对所有样品对进行矢量运算，找出落于正在计算的方向与间距的最大偏差范围内的样品对，然后用这些样品对计算半变异函数 $\gamma(h)$ 曲线上的一个点。该点的横坐标 h 是这些样品对的距离的平均值。

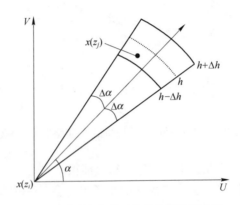

图 3-8　二维半变异函数的实用计算方法

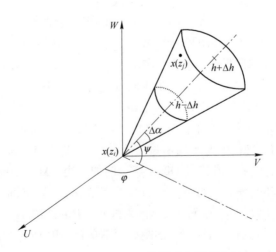

图 3-9　三维半变异函数的实用计算方法

3.2.3 半变异函数的数学模型

实验半变异函数由一组离散点组成，在实际应用时很不方便，因此常常将实验半变异函数拟合为一个可以用数学解析式表达的数学模型。常见的半变异函数的数学模型有以下几种：

3.2.3.1 球模型（Spherical Model）

实验半变异函数在大多数情况下可以拟合成球模型。因此，球模型是应用最广的一种半变异函数模型，其数学表达式为：

$$\gamma(h) = \begin{cases} C\left(\dfrac{3h}{2a} - \dfrac{h^3}{2a^3}\right) & h \leqslant a \\ C & h > a \end{cases} \qquad (3\text{-}19)$$

式中，C 称为**槛值**或**台基值**(Sill)。一般情况下可以认为 $C = \sigma^2$（σ^2 为样品的方差），a 称为**变程**(Range)。

图 3-10 是球模型的图示。从图中可以看出，$\gamma(h)$ 随 h 的增加而增加，当 h 达到变程时，$\gamma(h)$ 达到槛值 C；之后 $\gamma(h)$ 便保持常值 C。这种特征的物理意义是：当样品之间的距离小于变程时，样品是相互关联的，关联程度随间距的增加而减小，或者说，变异程度随间距的增加而增大；当间距达到变程后，样品之间的关联性消失，变为完全随机，这时 $\gamma(h)$ 即为样品的方差。因此，变程实际上代表了样品的关联范围或影响范围。

3.2.3.2 随机模型（Random Model）

当区域化变量 X 的取值是完全随机的，即样品之间的协方差 $\sigma(h)$ 对于所有 h 都等于 0 时，半变异函数是一常量 C：

$$\gamma(h) = C \qquad (3\text{-}20)$$

这一模型即为随机模型，其图示为一水平直线（图 3-11）。随机模型表明，区域化变量 X 的取值与位置无关，样品之间没有关联性。随机模型有时也被称为**纯块金效应模型**(Pure nugget effect model)。

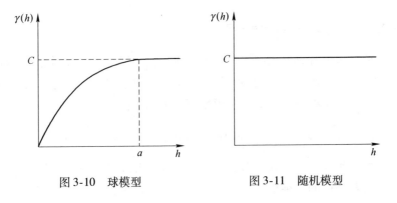

图 3-10 球模型　　　　　　　图 3-11 随机模型

3.2.3.3 指数模型（Exponential Model）

指数模型的数学表达式为：

$$\gamma(h) = C(1 - e^{-\frac{h}{a}}) \tag{3-21}$$

指数模型的特征与球模型相似（图 3-12），但变异速率较小。式（3-21）中的 a 是原点处的切线达到 C 时的 h 值。

3.2.3.4 高斯模型（Gaussian Model）

高斯模型的数学表达式为：

$$\gamma(h) = C(1 - e^{-\frac{h^2}{a^2}}) \tag{3-22}$$

如图 3-13 所示，高斯模型在原点的切线为水平线，表明 $\gamma(h)$ 在短距离内变异很小。

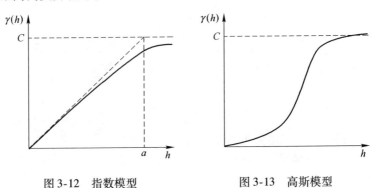

图 3-12 指数模型　　　　　　图 3-13 高斯模型

3.2.3.5　线性模型（Linear Model）

线性模型的数学表达式为一线性方程，即：

$$\gamma(h) = \frac{p^2}{2}h \qquad (3-23)$$

式中，p^2 为一常量，且

$$p^2 = E\left[\,(x(z_{i+1}) - x(z_i))^2\,\right] \qquad (3-24)$$

如图 3-14 所示，线性模型没有槛值，$\gamma(h)$ 随 h 无限增加。

3.2.3.6　对数模型（Logarithmic Model）

对数模型的表达式为：

$$\gamma(h) = 3\alpha\ln(h) \qquad (3-25)$$

式中，α 为常量。当 h 取对数坐标时，对数模型为一条直线（图 3-15）。对数模型没有槛值。当 $h < 1$ 时，$\gamma(h)$ 为负数，由半变异函数的定义（式 $3-13$）可知，$\gamma(h)$ 不可能为负数。所以对数模型不能用于描述 $h < 1$ 时的区域化变量特性。

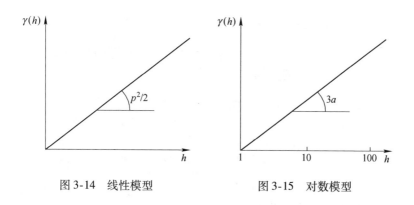

图 3-14　线性模型　　　　　　图 3-15　对数模型

3.2.3.7　套嵌结构（Nested Structures）

除对数模型和随机模型外，均有 $\gamma(0) = 0$。但由于取样、化验误差和矿化作用在短距离内（小于最小取样间距）的变化，在绝大多数情况下半变异函数在原点不等于零，即存在块金效应。因此，在实践中应用最广的模型是具有块金效应的球模型，其数学表达式为：

$$\gamma(h) = \begin{cases} N + C\left(\dfrac{3h}{2a} - \dfrac{h^3}{2a^3}\right) & h < a \\ N + C & h \geqslant a \end{cases} \tag{3-26}$$

式中，N 为块金效应；C 为球模型的槛值。

式（3-26）实质上是由两个结构组成的：一个是纯块金效应结构（或随机结构），另一个是球结构。由多个半变异函数组成的结构**称为嵌套结构**。

在某些情况下，区域化变量的结构特性较复杂，需要用几个结构的数学组合来描述。实践中较常见的嵌套结构由块金效应与两个球模型组成，即：

$$\gamma(h) = N + \gamma_1(h) + \gamma_2(h) \tag{3-27}$$

式中，$\gamma_1(h)$ 和 $\gamma_2(h)$ 为具有不同变程 a 和槛值 C 的球模型。图 3-16 是这一嵌套结构的示意图。

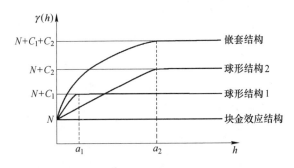

图 3-16　球模型的套嵌结构示意图

3.2.4　半变异函数的拟合

实践中，半变异函数是根据有限数目的地质取样建立的，而通过取样，人们只能得到由一些离散点组成的实验半变异函数。为使用方便，需要把实验半变异函数拟合为某种数学模型。由于球模型应用最广，这里只讲球模型的拟合。

图 3-17 中的圆点是从一组样品得到的实验半变异函数。虽然数据点的分布不很规则，但仍可看出 $\gamma(h)$ 随 h 首先增加，然后趋于稳定的特点。因此，其数学模型应为具有块金效应的球模型。如果能确定块金效应 N、球模型的槛值 C 和变程 a，拟合也就完成了。图中圆点旁括号里的数是计算该点的 $\gamma(h)$ 值时找到的样品对数，样品对数越多，$\gamma(h)$ 上该点的误差（或不确定性）就越小。在拟合中，如果某些数据点的样品对数太少（比如小于 5），可以考虑不使用这些数据点或降低其重要性，因为它们的不确定性高。

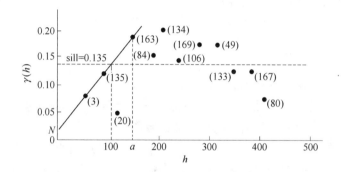

图 3-17 实验半变异函数的球模型拟合

首先确定 $C+N$。从数据点的分布很难看出 $\gamma(h)$ 稳定在何值，但从理论上讲，可以认为 $\gamma(h)$ 的最大值等于样品的方差 σ^2。因此，在实际拟合时，往往置 $C+N=\sigma^2$。本例中 $\sigma^2=0.135$，故 $C+N=0.135$。

其次确定块金效应。根据槛值以下靠近原点的那些数据点的变化趋势，作一条斜线，斜线与纵轴的截距即为块金效应 N。从图中可以看出 $N\approx0.02$。这样 $C=0.135-0.02=0.115$。

最后确定变程。根据球模型的数学表达式可知，$\gamma(h)$ 在 $h=0$ 处的切线斜率为 $C/(2a/3)$，该切线与水平线 $\gamma(h)=C$ 的交点的横坐标为 $2a/3$。有块金效应时，该切线通过点 $(0, N)$ 且与水平线 $\gamma(h)=N+C$ 的交点之横坐标为 $2a/3$。从图中可以看出，$2a/3$ 约为 100m，所以变程约为 150m。

利用实际数据进行半变异函数的拟合通常是个较复杂的过程，需要对地质特征有较好的了解和拟合经验。当取样间距较大时，变程以内的数据点很少，很难确定半变异函数在该范围内的变化趋势，而这部分曲线恰恰是半变异函数最重要的组成部分。在这种情况下，常常求助于"沿钻孔实验半变异函数"（Down-hole Variogram），即沿钻孔方向建立的实验半变异函数。因为沿钻孔取样间距小，沿钻孔半变异函数可以捕捉短距离内的结构特征，帮助确定半变异函数的块金效应和短距离内的变化趋势。但必须注意，当存在各向异性时，沿钻孔半变异函数只代表区域化变量沿钻孔方向的变化特征，并不能完全代表其他方向上半变异函数在短距离的变化特征。

3.2.5 各向异性

当区域化变量在不同方向呈现不同特征时，半变异函数在不同方向也具有不同的特性。这种现象称为**各向异性**（Anisotropy）。常见的各向异性有两种：几何各向异性和区域各向异性。

几何各向异性（Geometric Anisotropy）的特点是半变异函数的槛值不变，变程随方向变化。如果求出任一平面内所有方向上的半变异函数，半变异函数在平面上的等值线是一组近似椭圆（图3-18）。椭圆的短轴和长轴称为**主方向**（Principal Directions）。对应于半变异函数最大值 σ^2 的等值线上的每一点 r 到原点的距离，是在 $O-r$ 方向上半变异函数的变程，这一等值线椭圆称为**各向异性椭圆**，它是影响范围的一种表达。若平面为水平面，各向异性椭圆的长轴方向一般与矿体

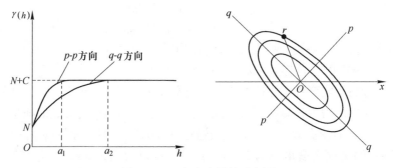

图 3-18　几何各向异性示意图

的走向重合（或非常接近）。所以，即使矿体的产状是未知的，通过半变异函数的各向异性分析也可以看出矿体的走向。

区域各向异性（Zonal Anisotropy）的特点是半变异函数的槛值与变程均随方向变化，如图 3-19 所示。

在三维空间，各向异性椭圆变为椭球体，并有三个主方向。确定三个主方向的一般步骤如下：

（1）在水平面上的若干个方向上计算半变异函数，得到水平面上的各向异性椭圆，其长轴方向为走向，如图 3-20 所示。

（2）在垂直于走向的垂直剖面上，计算不同方向上的半变异函数，得到该剖面上的各向异性椭

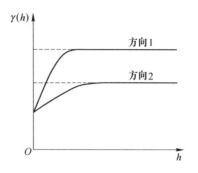

图 3-19　区域各向异性示意图

圆，其长轴方向为倾向，其短轴方向为主方向 3。它垂直于矿体的倾斜面，是变程最小的方向，如图 3-21 所示。

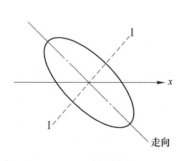

图 3-20　水平面上的
各向异性椭圆

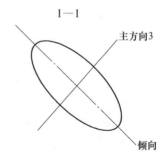

图 3-21　剖面 I—I 上的
各向异性椭圆

（3）在矿体的倾斜面（即走向线与倾向线所在的空间平面）上，计算不同方向上的半变异函数，得到该面上的各向异性椭圆，其长轴方向即为主方向 1（变程最大的方向），短轴方向为主方向 2，如图 3-22 所示。

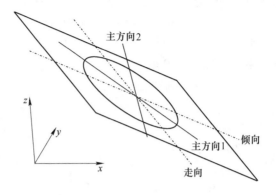

图 3-22　倾斜面上的各向异性椭圆

在实际应用中，各向异性椭圆不会像以上各图中那样规整，确定一个平面上的椭圆的长轴和短轴方向时，应注意两者是相互垂直的关系，最后确定的三个主方向也是相互垂直的。

确定了三个主方向及其对应的半变异函数后，空间任意两点之间的半变异函数值，就可以通过三个主方向上的半变异函数在这两点连线方向上的插值来计算。

3.2.6　半变异函数平均值的计算

应用地质统计学方法进行估值时，需要计算半变异函数在两个几何体之间或在一个几何体内的平均值。设在区域 Ω 中有两个几何体 V 和 W，如果在 V 中任取一点 z，在 W 中任取一点 z'，z 与 z' 之间的距离向量为 $\boldsymbol{h}$，那么半变异函数在这两点间的值为 $\gamma(\boldsymbol{h})$，也可记为 $\gamma(z,z')$。半变异函数在 V 和 W 之间的平均值就是当 z 取 V 中所有点、z' 取 W 中所有点时，$\gamma(z,z')$ 的平均值，即：

$$\overline{\gamma}(V,W) = \frac{1}{VW} \int\limits_{z\,\mathrm{in}\,V} \int\limits_{z'\,\mathrm{in}\,W} \gamma(z,z')\,\mathrm{d}z\mathrm{d}z' \tag{3-28}$$

上式积分可以用数值方法计算。将 V 划分为 n 个大小相等的子体，每个子体的中心位于 $z_i(i=1,2,\cdots,n)$；同理，将 W 划分为 n' 个子体，每个子体的中心位于 $z'_j(j=1,2,\cdots,n')$。这样，上面的积分可用下式近似：

$$\overline{\gamma}(V,W) = \frac{1}{nn'}\sum_{i=1}^{n}\sum_{j=1}^{n'}\gamma(z_i,z_j') \qquad (3-29)$$

当 V 和 W 是同一几何体时，$\overline{\gamma}(V,V)$ 即为半变异函数在几何体 V 内的平均值：

$$\overline{\gamma}(V,V) = \frac{1}{n^2}\sum_{i=1}^{n}\sum_{j=1}^{n}\gamma(z_i,z_j) \qquad (3-30)$$

式中，z_i 和 z_j 都是 V 中的子体中心位置。

如果两个几何体 V 和 W 中的 W 是一个取样，用 ω 表示，取样的中心位于 z_0，而且取样 ω 的体积很小，不再划分为子体，即 $n'=1$。那么式（3-29）变为：

$$\overline{\gamma}(\omega,V) = \frac{1}{n}\sum_{i=1}^{n}\gamma(z_0,z_i) \qquad (3-31)$$

式中，$\overline{\gamma}(\omega,V)$ 为半变异函数在取样 ω 与几何体 V 之间的平均值。

如果两个几何体 V 和 W 都是取样，分别记为 ω 和 ω'，其中心分别位于 z_0 和 z_0'，两个取样的体积都很小，不再划分为子体，即 $n = n'=1$，那么式（3-29）变为：

$$\overline{\gamma}(\omega,\omega') = \gamma(z_0,z_0') \qquad (3-32)$$

$\overline{\gamma}(\omega,\omega')$ 即为半变异函数在两个样品之间的"平均值"。

当存在各向异性时，半变异函数平均值的计算必须考虑连接两点的向量的方向，用上述三个主方向上的半变异函数在该方向上的插值来计算该方向上两点之间的半变异函数值。

3.2.7 克里金估值

由于地质统计学法的基本思想是由 Danie Krige 提出的，所以应用地质统计学进行估值的方法被命名为克里金法或克里格法（Kriging）。克里金估值是在一定条件下具有无偏性和最佳性的线性估值。所谓无偏性，就是对参数（特征值）的估值 $\hat{\mu}_V$ 与其真值 μ_V 之间的偏差的数学期望为零，即：

$$E(\hat{\mu}_V - \mu_V) = 0 \qquad (3-33)$$

所谓最佳性，是指估值与真值之间偏差的平方的数学期望达到最小，即：

$$E\left[\left(\hat{\mu}_V - \mu_V\right)^2\right] = \min \tag{3-34}$$

$E\left[\left(\hat{\mu}_V - \mu_V\right)^2\right]$ 称为**估计方差**（Estimation Variance），用 σ_E^2 表示；用克里金法进行估值的估计方差称为**克里金方差**（Kriging Variance）或**克里金误差**（Kriging Error），用 σ_k^2 表示。

所谓线性估值，是指未知真值 μ_V 的估计量 $\hat{\mu}_V$ 是若干个已知取样值 x_i 的线性组合，即：

$$\hat{\mu}_V = \sum_{i=1}^{n} b_i x_i \tag{3-35}$$

式中，b_i 为常数，即各取样值的权重。

设从区域 Ω 中取样 n 个，样品 ω_i 的值为 $x_i (i=1,2,\cdots,n)$；Ω 中的一个单元体 V 的未知真值为 μ_V（图3-23）。那么，用这 n 个样品的值对 μ_V 的克里金估值即为式（3-35）。

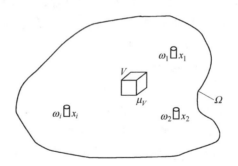

图3-23　克里金法示意图

经简单推导，无偏性条件（3-33）转化为：

$$\sum_{i=1}^{n} b_i = 1 \quad \text{或} \quad \sum_{i=1}^{n} b_i - 1 = 0 \tag{3-36}$$

即，估值具有无偏性的条件是各取样值的权重之和为1。

经推导，克里金方差为：

$$\sigma_k^2 = -\sum_{i=1}^{n}\sum_{j=1}^{n} b_i b_j \bar{\gamma}(\omega_i, \omega_j) - \bar{\gamma}(V, V) + 2\sum_{i=1}^{n} b_i \bar{\gamma}(\omega_i, V)$$

$$\tag{3-37}$$

这样，最佳估值就是在满足式（3-36）的条件下求 σ_k^2 达到最小值时的权值 $b_i(i=1,2,\cdots,n)$。应用拉格朗日乘子法，得拉格朗日函数：

$$L(b_1,b_2,\cdots,b_n,\lambda) = \sigma_k^2 - 2\lambda\left(\sum_{i=1}^n b_i - 1\right) \qquad (3\text{-}38)$$

式中，2λ 为拉格朗日乘子。求拉格朗日函数对 $b_i(i=1,2,\cdots,n)$ 和 λ 的一阶偏微分，并令其等于零，得：

$$\left.\begin{aligned}\sum_{j=1}^n b_j\,\overline{\gamma}(\omega_i,\omega_j) + \lambda &= \overline{\gamma}(\omega_i,V) \quad i=1,2,\cdots,n\\ \sum_{j=1}^n b_j &= 1\end{aligned}\right\} \qquad (3\text{-}39)$$

将上式展开，得：

$$b_1\overline{\gamma}(\omega_1,\omega_1) + b_2\overline{\gamma}(\omega_1,\omega_2) + \cdots + b_n\overline{\gamma}(\omega_1,\omega_n) + \lambda = \overline{\gamma}(\omega_1,V)$$
$$b_1\overline{\gamma}(\omega_2,\omega_1) + b_2\overline{\gamma}(\omega_2,\omega_2) + \cdots + b_n\overline{\gamma}(\omega_2,\omega_n) + \lambda = \overline{\gamma}(\omega_2,V)$$
$$\vdots \qquad \vdots \qquad \qquad \vdots \qquad \qquad \vdots \qquad \vdots$$
$$b_1\overline{\gamma}(\omega_n,\omega_1) + b_2\overline{\gamma}(\omega_n,\omega_2) + \cdots + b_n\overline{\gamma}(\omega_n,\omega_n) + \lambda = \overline{\gamma}(\omega_n,V)$$
$$b_1 \qquad\quad + \quad b_2 \quad +\cdots+ \quad b_n \qquad\quad +0 = \quad 1$$

$$(3\text{-}40)$$

式（3-40）是由 $n+1$ 个方程组成的线性方程组，称为**克里金方程组**。解这个方程组即可求出 $n+1$ 个未知数，即 $b_1,b_2,\cdots,b_n$ 和 λ。将求得的 $b_1,b_2,\cdots,b_n$ 代入式（3-35），即得到 μ_V 的无偏、最佳、线性估值 $\hat{\mu}_V$。下面以一个简单的例子说明克里金估值的计算过程。

如图 3-24 所示，矿床 Ω 中有一个正方形模块 V，其边长为 3，一个样品 ω_1 位于模块的中心，其品位为 $x_1=1.2\%$；另一个样品 ω_2 位于模块的一角，其品位为 $x_2=0.5\%$。为计算简便，把球模型半变异函数在变程内的曲线段简化为直线，半变异函数的表达式为：

$$\begin{cases}\gamma(h)=0.5h & h<2\\ \gamma(h)=1.0 & h\geq 2\end{cases}$$

假设品位在矿床中满足内蕴假设且是各向同性的，试用克里金法估计模块 V 的品位。

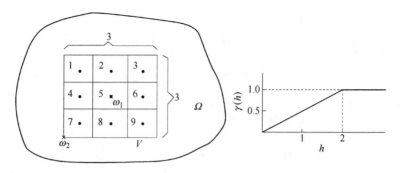

图 3-24 被估模块与样品相对位置及半变异函数示意图

（1）计算 $\bar{\gamma}(\omega_i, \omega_j)$。

ω_1 与 ω_2 之间的距离为 $1.5\sqrt{2} = 2.121$，ω_1 和 ω_2 到自身的距离均为 0。应用公式（3-32），有：

$$\bar{\gamma}(\omega_1, \omega_2) = \bar{\gamma}(\omega_2, \omega_1) = \gamma(2.121) = 1.0$$
$$\gamma(\omega_1, \omega_1) = \bar{\gamma}(\omega_2, \omega_2) = \gamma(0) = 0.0$$

（2）计算 $\bar{\gamma}(\omega_1, V)$ 和 $\bar{\gamma}(\omega_2, V)$。

将 V 等分为如图所示的 9 个小块，应用公式（3-31），有：

$$\bar{\gamma}(\omega_1, V) = \frac{1}{9}\sum_{i=1}^{9} \gamma(z_0, z_i)$$

式中，z_0 为 ω_1 的位置；z_i 为第 i 个小块的中心位置。当 $i = 2$ 时，样品 ω_1 距第二小块中心的距离为 1，因此 $\gamma(z_0, z_2) = \gamma(1) = 0.5$。类似地可以求出任意 i 的 $\gamma(z_0, z_i)$：

$$\gamma(z_0, z_1) = 0.707$$
$$\gamma(z_0, z_2) = 0.500$$
$$\gamma(z_0, z_3) = 0.707$$
$$\gamma(z_0, z_4) = 0.500$$
$$\gamma(z_0, z_5) = 0.000$$
$$\gamma(z_0, z_6) = 0.500$$
$$\gamma(z_0, z_7) = 0.707$$
$$\gamma(z_0, z_8) = 0.500$$
$$+ \quad \gamma(z_0, z_9) = 0.707$$
$$\overline{\quad\quad\quad\quad\quad\quad\quad}$$
$$\Sigma \quad\quad\quad 4.828$$

$$\overline{\gamma}(\omega_1, V) = 4.828/9 = 0.536$$

同样做法，求得：$\overline{\gamma} = (\omega_2, V) = 0.882$。

（3）建立克里金方程组并求解。

将上面求得的 $\overline{\gamma}(\omega_i, \omega_j)$ 和 $\overline{\gamma}(\omega_i, V)$ 代入式（3-40），有：

$$\begin{cases} 0.0b_1 & +1.0b_2 & +\lambda & = 0.536 \\ 1.0b_1 & +0.0b_2 & +\lambda & = 0.882 \\ b_1 & +b_2 & & = 1.0 \end{cases}$$

解该方程组，得：

$$b_1 = 0.673，b_2 = 0.327，\lambda = 0.209$$

（4）求模块 V 的品位。

模块 V 的品位的估值为：

$$\hat{\mu}_V = b_1 x_1 + b_2 x_2 = 0.673 \times 1.2 + 0.327 \times 0.5 = 0.971\%$$

（5）计算模块品位的克里金方差。

计算克里金方差 σ_k^2 需要计算 $\overline{\gamma}(V, V)$。应用式（3-30），有：

$$\overline{\gamma}(V, V) = \frac{1}{81} \sum_{i=1}^{9} \sum_{j=1}^{9} \gamma(z_i, z_j)$$

式中，z_i 和 z_j 为模块 V 中的两个小方块的中心位置，对于每一对 z_i 和 z_j，$\gamma(z_i, z_j)$ 的计算与上述 $\gamma(z_0, z_i)$ 相同。

计算结果为：$\overline{\gamma}(V, V) = 0.683$。

将有关数值代入式（3-37），得：$\sigma_k^2 = 0.175$。

3.2.8 影响范围

当对块状模型中每一模块的品位（或其他特征值）进行估值时，需要确定由哪些取样参与估值运算。一般而言，对被估模块有影响的取样都应参与估值运算。

地质统计学把品位看作是区域化变量，而且用半变异函数描述品位在矿床中的关联性。因此，地质统计学为确定合理影响范围提供了理论依据。如前所述，在大多数情况下，品位的半变异函数的数学模型为球模型。球模型的特点是：半变异函数 $\gamma(h)$ 随距离 h 的增加而增加，当 h 增加到变程 a 时，$\gamma(h)$ 达到最大值。由于最大值为样品的方差，这表明当 $h \geqslant a$ 时，取样品位变为完全随机，失去了相互影响。在被估模块与取样之间也是如此。因此，半变异函数的变程 a 可以看作是影响距离的一种度量。

影响范围是这样一个几何体，从其中心到其表面上任意一点的距离，等于在这一方向上的影响距离。在各向同性条件下，影响范围在二维空间是一个圆，在三维空间是一个球体；当存在各向异性时，影响范围在二维空间近似一个椭圆，在三维空间近似一个椭球体。要确定合理的影响范围，首先要建立各个方向的半变异函数，进行各向异性分析。

应用地质统计学对一个模块的品位进行估值时，落入以被估模块的中心为中心的影响范围内的那些取样与被估模块之间存在关联性，参与其估值运算。这些取样即为上述式（3-35）中的那 n 个取样。

在实际应用中，椭球体使用起来很不方便，常常把它简化为长方体。长方体的三条边的方向分别对应于各向异性的三个主方向，三条边的边长等于或略大于三个主方向上半变异函数的变程的 2 倍。这样，以模块的中心为中心点，在三个主方向上进行取样搜索，在这三个方向上距离中心点的距离都小于或等于对应方向上的影响距离的取样落在影响范围内，参与该模块的估值运算。

影响范围在品位、矿量计算中起着非常重要的作用，在某些情况下，所选取的影响范围不同，矿量计算结果会有很大的差别。然而，确定合理影响范围不是一件容易的事，需要对矿床的成矿特征有深入的了解，同时也需要丰富的实践经验。地质统计学可以帮助确定合理的影响范围，但并不意味着各向异性椭球体就是最合理的影响范围，最后决策应是综合考虑各种因素的结果。

3.2.9 克里金法建立矿床模型的一般步骤

应用克里金法建立三维块状矿床模型，就是依据地质取样的已知特征值，应用克里金法估计出模型中所有模块的特征值，这是一项复杂而耗时的工作。一般步骤概述如下：

（1）合理划分区域。采矿和地质人员需要一起仔细分析矿床的地质构造和成矿特征，结合探矿取样的统计学分布特征和半变异函数特征，确定矿床的不同区域是否具有不同的特征。如果出现较明显的区域性特征变化，就需要把矿床划分为若干个区域，使每个区域内没有较明显的特征变化。这是一个繁琐的试错过程。

（2）各向异性分析。在每个区域进行前面所述的各向异性分析，确定每个区域的三个主方向及其对应的半变异函数。完成这项工作需要在水平面、垂直于走向的垂直剖面和矿体倾斜面上分别计算不同方向上的半变异函数，且在计算中需要空间坐标转换。各向异性分析和区域划分往往是同时进行的，因为区域性特征变化就包括各向异性随区域的变化。

（3）确定影响距离。以三个主方向上的半变异函数的变程为依据，确定这三个方向上的影响距离。影响距离一般取半变异函数变程的 1.0 到 1.25 倍。如果进行了区域划分，需要对每个区域分别确定影响距离。

（4）克里金估值。以模型中每个模块的中心为中点，利用三个主方向上的影响距离进行取样搜索，找到落入影响范围的取样，用这些取样的特征值对模块的特征值进行克里金估值。如果进行了区域划分，对于不同区域内的模块要使用相应区域的三个主方向上的影响距离进行取样搜索，并用相应区域的三个主方向上的半变异函数进行克里金估值的相关计算。

如果不加细致分析，囫囵吞枣地用所有取样得到一个半变异函数，把这个平均半变异函数应用于所有模块，所建模型可能是一个很糟糕的模型。

3.3 距离反比法

克里金估值具有显著的优点：估值方差最小且可量化。但当取样间距较大（在变程附近或更大）时，难以确立半变异函数，特别是变程以内半变异函数的变化特征。这种情况下，常用较简单的方法建立矿床模型。一个比较常用的方法是**距离反比法**（Inverse Distance Method）。

　　距离反比法中，参与估值的一个取样的权重 b_i 与该取样到被估模块中心的距离 d 的 N 次方成反比。这意味着，离模块越远的取样其权值越小，这在定性上与克里金法类似，但权值会随距离的增加不断减小，而且不是使估值方差最小的权值。

　　图 3-25 是二维空间的距离反比法示意图。参照该图，距离反比法的一般步骤概述如下。

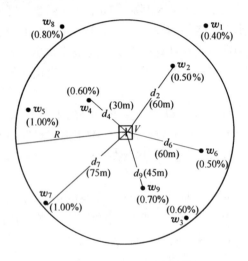

图 3-25　距离反比法示意图

　　（1）以被估模块的中心为中心，以影响距离确定影响范围。在二维空间，影响范围为圆（各向同性）或椭圆（各向异性）；在三维空间，影响范围为球体（各向同性）或椭球体（各向异性）。实际应用中，常常在矿体走向、倾向和垂直于矿体倾斜面的三个方向上，分别确定影响距离，以长方体作为影响范围；走向上的影响距离最大，垂直于矿体倾斜面方向上的影响距离最小，倾向上的影响距离介于前两者之间。这里假设各向同性，影响距离为 R，影响范围为以 R 为半径的圆。

　　（2）计算每一取样与被估模块中心的距离，确定落入影响范围的样品。

　　（3）利用下式计算模块的品位 x_V：

$$x_V = \frac{\sum\limits_{i=1}^{n} \dfrac{x_i}{d_i^N}}{\sum\limits_{i=1}^{n} \dfrac{1}{d_i^N}} \tag{3-41}$$

式中, x_i 为落入影响范围的第 i 个取样 w_i 的品位; d_i 为第 i 个取样到被估模块中心的距离。

在实际应用中, 有时采用所谓的角度排除, 即当一个取样与被估模块中心的连线, 与另一个取样与被估模块中心的连线之间的夹角小于某一给定值 α 时, 距模块较远的取样不参与模块的估值运算。图 3-25 中的 w_3 和 w_5 就是被"角度排除"了的取样。α 一般取 15°左右。如果没有取样落入影响范围之内, 模块的品位为未知数。

式 (3-41) 中的指数 N, 对于不同矿床的取值不同。假设有两个矿床, 第一个矿床的品位变化程度较第二个矿床的品位变化程度大, 即第二个矿床的品位较第一个矿床连续性好。那么, 在离模块同等距离的条件下, 第一个矿床中取样对模块品位的影响就比第二个矿床小。因此, 在估算某一模块的品位时, 第一个矿床中取样的权值, 在同等距离条件下, 应比第二个矿床中取样的权值小。也就是说, 在品位变化小的矿床, N 取值较小; 在品位变化大的矿床, N 取值较大。在铁、镁等品位变化较小的矿床中, N 一般取 2 左右; 在贵重和某些有色金属(如黄金)矿床中, N 的取值一般大于 2, 有时高达 4 或 5。如果有区域异性存在, 不同区域中品位的变化程度不同, 则需要在不同区域取不同的 N 值; 同时, 一个区域的取样不参与另一区域的模块品位的估值运算。以图 3-25 中的数据为例, 若 $N = 2$, 则被估模块的品位为 0.628%。

3.4 价值模型

在矿山的优化设计中(如露天矿的最终开采境界优化), 常常用到价值模型。价值模型中, 每一模块的特征值是假设将其采出并处理后能够带来的经济净价值。模块的净价值是根据其中所含可利用矿物的品位、开采与处理中各道工序的成本和相关技术参数以及产品价格计算的。其中, 模块的品位取自品位模型。所以, 建立价值模型首先需要建立品位模型，或者说，价值模型是由品位模型转换而来的。

矿床所含矿物的种类不同，企业的最终产品不同，成本管理和税收制度不同，计算模块价值所用到的技术参数就不同。对于一个以精冶金属为销售产品，集采、选和粗冶为一体的联合企业，用于计算模块价值的一般性参数列于表3-6。由于许多管理工作覆盖整个企业，共用部分需视情况摊到每吨矿石和岩石；有的金属（如黄金）需要精冶，精冶一般是在企业外部进行的，所以只计算精冶厂的收费和粗冶产品运至精冶地点的运输费用。

表 3-6　计算金属矿床模块净价值的一般参数

矿物参数：	
可利用矿物地质品位	% 或 g/t
采场的矿石回采率	%
选矿金属回收率	%
粗冶金属回收率	%
精冶金属回收率	%
成本参数：	
开采成本	
穿孔	元/t 矿或岩
爆破	元/t 矿或岩
装载	元/t 矿或岩
运输	元/t（或 t·km）
排土	元/t 岩石
排水	元/t 矿石
与开采有关的管理费用	元/t 矿和岩
选矿成本：	
矿石二次装运	元/t 矿石
选矿	元/t 矿石
精矿运输	元/t 精矿
与选矿有关的管理费用	元/t 矿石
冶炼成本：	
粗冶	元/t 精矿或粗冶金属
粗冶金属运输	元/t 粗冶金属
精冶收费与运输	元/t 精冶金属
销售成本：	元/t 精冶金属
精冶金属售价	元/t 或元/g

表 3-6 中的技术经济参数种类繁多，为建立价值模型时使用方便，需要对各项成本进行分析归纳和单位换算，并标明归纳后每项成本的作用对象（矿或岩）。表 3-7 是根据表 3-6 中的参数归纳后的结果。由于每一模块的开采成本与深度有关，所以开采成本一般用深度 H 的线性函数表示，其中的 a、b、c、d 为常数。表中的"X"表示对应成本项的作用对象——岩石模块或矿石模块。对于岩石模块，只有成本没有收入，所以其净价值为负数。

表 3-7　用于建立价值模型的成本归类及作用对象

成本项	岩石模块	矿石模块
开采成本（元/t）	$aH + b$	$cH + d$
选矿成本		
选矿（元/t）		X
运输（元/t）		X
管理成本		
矿石（元/t）		X
岩石（元/t）	X	
金属（元/t）		X
精冶成本(元/t 最终产品)		X
销售成本(元/t 最终产品)		X

如果企业的最终产品为精矿，那么计算模块净价值只用到与开采和选矿有关的技术经济参数；如果企业的最终产品为原矿，就只用到开采的技术经济参数。可以看出，矿床价值模型是地质、成本与市场信息的综合反映。

价值模型和品位模型可以是两个独立的模型，也可以合并为一个模型，即模型中每个模块用两个属性变量分别记录模块的品位和净价值。

3.5　标高模型

标高模型是二维块状模型，它是把矿床在水平面的范围划分为二维模块形成的离散模型，模块的特征值是模块中心处的标高。建立标高模型，就是依据已知标高数据估算每一模块中心处的标高。已知标高数据一般有两类:一是点数据,如探矿钻孔的孔口标高或对矿区进行测量得到的测点标高;另一类是等高线数据,即在矿区已经通过测绘形成的地形等高线图。对于第一类数据,可以用本章前两节讲述的方法进行估值。如果数据点间距较大,这样建立的模型的准确度较低;即使数据点间距较小,也很难控制突变性的地貌变化,如露天采场的台阶、洪水冲出的陡峭沟壑等。基于等高线数据建立标高模型,如果算法得当,可以获得较高的准确度,而且对突变性的地貌变化有较好的控制。下面简要介绍一个基于等高线数据建立标高模型的插值算法。

图 3-26 是某矿地表地形等高线。图 3-27 为模块标高插值算法示意图,其中的等高线为图 3-26 中虚线框内等高线的放大,方块 V 为正在被估的模块,$\Delta\alpha$ 为给定的方向角步长。参照图 3-27,一个模块的标高插值算法如下。

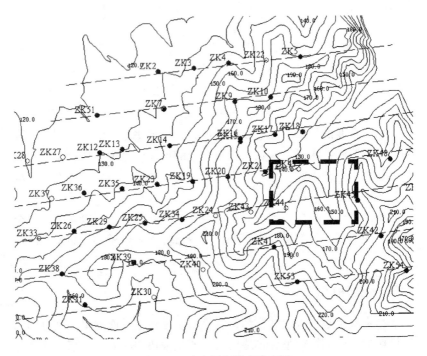

图 3-26　地表标高等高线实例

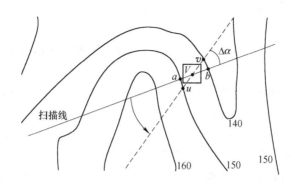

图 3-27　模块标高插值示意图

第 1 步：在选定的一个起始方向（方向角 = α），作一条通过模块中心的足够长的直线，称为**扫面线**；置累积旋转角度 $A = 0$；置最小交点距离 $d_{\min} = 1.0 \times 10^{30}$。

第 2 步：以模块中心为界把扫描线分为两段，分别求两段扫描线与所有等高线的交点，找出每一段扫描线与等高线的交点中距离模块中心最近的点，称之为**当前交点对**。扫描线位于图 3-27 中的实线位置时，当前交点对为点 a 和点 b；扫描线位于图中的虚线位置时，当前交点对为点 u 和点 v。计算当前交点对的两点之间的水平距离 d，称之为**交点距离**。

第 3 步：如果 $d < d_{\min}$，置 $d_{\min} = d$，把当前交点对记录为**最近交点对**；否则，当前交点对弃之不用，$d_{\min}$ 和最近交点对不变。置 $A = A + \Delta\alpha$。

第 4 步：如果 $A < 180°$，置 $\alpha = \alpha + \Delta\alpha$，把扫描线绕模块中心逆时针（或顺时针）旋转一个角度步长 $\Delta\alpha$（如图中的箭头和虚线所示），返回到第 2 步；否则，执行下一步。

第 5 步：通过 180 度（加上相反方向是 360 度）的扫描，保存的最近交点对是所有方向上的交点对距离最近者。假设最近交点对为点 a 和点 b。利用 a 和 b 所在等高线的标高进行线性插值，得出模块 V 中心处的标高的估计值 z_V：

$$z_V = z_a + \frac{d_{aV}(z_b - z_a)}{d_{\min}}$$

$$(3\text{-}42)$$

式中，z_a 和 z_b 分别为点 a 和点 b 所在等高线的标高；d_{aV} 为点 a 到模块中心的水平距离。算法结束。

对模型中的每一模块，重复以上算法，就得到了所有模块的标高估值。

上述算法中，角度步长 $\Delta\alpha$ 越小，估值精度越高，但运算量越大；标高模型的模块边长越小，分辨率越高，越能捕捉地形的细节，但运算量也越大。

图 3-28 是基于图 3-26 中的等高线，用上述算法建立的地表标高模型的三维透视图。建模中模块取边长为 5m 的正方形，角度步长 $\Delta\alpha = 5°$。对比图 3-28 和图 3-26，可以定性地看出，标高模型较好地描绘出了等高线所表达的地形。

图 3-28　地表标高模型的三维透视显示

该算法虽然简单，但适用于控制突变性的地貌变化，如露天矿的台阶坡面和道路、洪水冲出的陡峭沟壑等。图 3-29 是某露天铁矿采场端帮的台阶线，实线为台阶坡顶线，虚线为台阶坡底线，两者之间为台阶坡面。由于台阶坡面陡，台阶坡顶线与阶坡底线之间的水平距离很小，所以用边长为 2m 的小模块建立标高模型。角度步长 $\Delta\alpha = 7.5°$。基于台阶线标高建立的标高模型的三维透视图如图 3-30 所示。可以看出，标高模型很好地描绘了台阶坡面和运输坡道。如果用测点进行估值，即使测点较密，也会使这类地貌发生较大程度的扭曲。

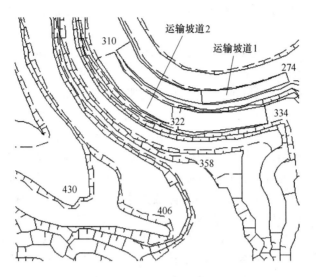

图 3-29 某露天矿采场台阶线局部

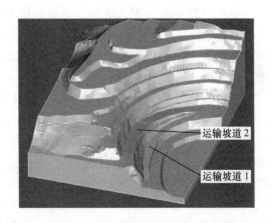

图 3-30 基于图 3-29 建立的标高模型三维透视显示

3.6 小结

本章介绍了矿床模型中品位模型、价值模型和标高模型的建立方法。对用于建立品位模型的地质统计学只介绍了其最基本的部分，用于实际建模还远远不够，只是为有意学习和应用地质统计学的读者提供一个入门。

地质统计学诞生半个世纪以来，随着计算机运算速度和容量的不断提高，在国际采矿界迅速推广。上世纪 80 年代，国际上地质统计学在建立矿床模型方面的应用发展迅速，到上世纪 90 年代已达到很普遍的程度，几乎成了矿山和设计部门的"标配"。矿山设计和日常生产中的矿量、品位计算几乎都是基于用地质统计学建立的矿床模型，不再使用在分层平面图或垂直剖面图上通过连接取样点来圈定矿岩界线的传统方法。而且，在矿山的日常生产中，一般有两个品位模型：一个是基于探矿钻孔的取样数据建立的覆盖整个矿床（或其中拟开采的整个区域）的模型，用于采剥计划编制（尤其是中长期采剥计划）；另一个是基于炮孔取样数据建立的局部模型，用于日常开采中的配矿、生产调度和验收矿量计算等。国际上几乎所有为矿山设计和生产开发的专业软件系统都有地质统计学建模功能。

地质统计学最大的优势，是为具有区域化变量特征的属性（如金属矿的品位、煤矿的煤层厚度和热值等）估值提供了一套完整的理论依据。这也是地质统计学一经问世就被快速接受和应用的原因。然而，应用地质统计学建立矿床模型，绝不是安装一套软件、按要求输入取样数据、运行软件那么简单。像在本章3.2.9节"克里金法建立矿床模型的一般步骤"中提到的，地质统计学建模需要大量细致的前期数据分析、数据处理以及深入的结果分析。这就需要应用者有较为深厚的地质统计学理论基础。而且，地质统计学在发展过程中，产生了不同的克里金法，以更好地适应不同的应用条件。最基本的是本章介绍的普通克里金（Ordinary Kriging），还有指标克里金（Indicator Kriging）、协克里金（Co-Kriging）和泛克里金（Universal Kriging）等。使用者还需要能够依据矿床的具体特点，选用最合适的克里金法。另外，生产矿山的建模也不是一劳永逸的，需要依据开采中对矿体的揭露和生产探矿数据，定期修正品位模型（Reconciliation）。国外有些矿山每个季度对品位模型进行一次修正。

如第1章所述，在上世纪90年代，地质统计学的应用出现了一个新的分支——条件模拟（Conditional Simulation），把地质统计学的应用从单纯的建模估值扩展到地质不确定性分析和这种不确定性所伴随的投资风险分析。

　　不无遗憾的是，国际上已广泛应用多年的地质统计学，迄今为止在我国矿山生产中没有得到应用，在设计部门也鲜有应用。本章介绍地质统计学的目的之一，就是使读者对这门科学有所了解，期冀能够借此对地质统计学在我国的应用发挥些许推动作用。

4 最终境界优化与分析

建立了价值块状模型后，矿床中每一模块的净价值变为已知。优化最终境界就是找出这样一个模块集合，其总净价值最大且它们的开采所形成的帮坡角不大于最大允许帮坡角，这一模块集合就构成了最优境界。本章介绍应用较广的两类方法：浮锥法和 LG 图论法。浮锥法中介绍正锥开采法和负锥排除法。

4.1 基本数学模型

令 N 为块状模型中的模块总数，v_i 为模型中第 i 个模块的净价值，x_i 为 0－1 决策变量：$x_i = 1$ 表示第 i 个模块将被开采，即被包含在境界内；$x_i = 0$ 表示第 i 个模块将不被开采，即被排除在境界外。那么，求最优境界就是求解每个模块所对应的 x_i 的值，以便使 $x_i = 1$ 的那些模块的总价值达到最大。所以，求最优境界的目标函数为

$$\max z = \sum_{i=1}^{N} v_i x_i \tag{4-1}$$

乍看起来，这很简单：把净价值为正的所有模块都开采（都包括在境界内），而不采任何净价值为负的模块，一定会使上述目标函数达到最大值。然而，决定开采某一模块时，该模块必须是被"揭露"的，即没有被不予开采的模块所覆盖，而且必须保证该模块被开采后，帮坡角不大于最大允许帮坡角。图 4-1 所示是一个简单的二维价值模型，图中每一模块中的数值为模块的净价值。要想开采净价值为 +4 的那个模块（简称为"+4 模块"），就必须以此模块为顶点，作一个锥壳倾角等于最大允许帮坡角的锥体，如虚线所示，把落在这一锥体内的所有模块也同 +4 模块一起开采，这样才能满足最大帮坡角的约束。

令 B_i 为落入以第 i 个模块为顶点、以最大允许帮坡角为锥壳倾

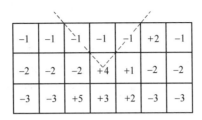

图 4-1 帮坡角约束示意图

角的锥体内的模块集合（不包括第 i 个模块本身），j 表示 B_i 中的第 j 个模块。那么，依据上述讨论，最大帮坡角约束的数学表达为

$$x_i \leqslant x_j \quad \forall i, j \in B_i \tag{4-2}$$

式中，"$\forall i, j \in B_i$"的意思是"对于所有的 i 以及属于 B_i 的 j。"

另一个约束就是所有决策变量必须取 0 或 1，其数学表达为

$$x_i \in \{0, 1\} \quad \forall i \tag{4-3}$$

这是一个线性规划中的 0 – 1 规划模型，在理论上可用 0 – 1 规划的算法求解。然而，对于一个实际矿床，其价值模型中有数十万乃至超百万个模块，而且对于绝大多数模块而言，每个模块都对应多个约束条件（4-2）。所以，约束方程数目非常巨大，即使是用今天的计算机，在可接受的时间内直接求解这一模型也是不现实的。因此，只能通过数学转换求助于其他途径进行求解，如图论法；或是用近似方法求得一个不是严格意义上最优的"好境界"。

4.2 浮锥法 I ——正锥开采法

如上所述，由于帮坡角的约束，要开采某一净价值为正的模块（简称**正模块**），就必须采出以该模块为顶点、以最大允许帮坡角为锥壳倾角的倒锥（锥顶朝下的锥）内的所有模块。所以，正锥开采算法的基本原理是：把锥体顶点在价值模型中自上而下依次浮动到每一正模块的中心，如果一个锥体（包括顶点模块）的总净价值（简称**锥体价值**）为正，就开采该锥体，即把其中的所有模块都包含在境界内；如果锥体价值为负，就不予开采；如果锥体价值为 0，由用户决定是否开采。所有被开采的模块就组成了最佳境界。

4.2.1　基本算法

把价值模型的水平模块层自上而下编号，标高最高的为第 1 层。把垂直方向上的一列模块称为一个**模块柱**，也按某一顺序编号。锥体被开采的条件是其价值大于或等于 0。为叙述方便，定义以下变量：

K：模型中的模块层总数；

k：模块层序号；

J：模型中的模块柱总数；

j：模块柱序号；

$b_{k,j}$：第 k 层、第 j 个模块柱的那个模块；

$v_{k,j}$：模块 $b_{k,j}$ 的净价值；

Y：0—1 变量，$Y=0$ 表示尚未开采任何锥体，$Y=1$ 表示已经有锥体被开采。

正锥开采浮锥法的基本算法如下：

第 1 步：置模块层序号 $k=1$，即从最上一层模块开始；置 $Y=0$。

第 2 步：置模块柱序号 $j=1$，即考虑第 k 层的第 1 个模块。

第 3 步：如果 $v_{k,j}>0$，模块 $b_{k,j}$ 为一正模块，以 $b_{k,j}$ 为顶点构造一个锥壳倾角等于所在区域的最大允许帮坡角的锥体；找出落入该锥体的所有模块（包括 $b_{k,j}$），并计算锥体的价值 $V_{k,j}$，继续下一步；如果 $v_{k,j}\leqslant0$，转到第 5 步。

第 4 步：如果 $V_{k,j}\geqslant0$，将锥体中的所有模块采去，并置 $Y=1$；否则，什么也不做，直接执行下一步。

第 5 步：置 $j=j+1$，如果 $j\leqslant J$，即考虑第 k 层的下一个模块，返回到第 3 步；否则，第 k 层的所有模块已经考虑完毕，继续下一步。

第 6 步：置 $k=k+1$，如果 $k\leqslant K$，即考虑下一个（更深的）模块层，返回到第 2 步；否则，继续下一步。

第 7 步：模型中所有的模块已经被浮锥"扫描"了一遍，扫描中发现的价值大于或等于 0 的锥体都已被"采出"。然而，由于许多锥体之间有重叠，一个价值为负的锥体 A，当它与后面的一个价值为非负的锥体 B 的重叠部分随着 B 被采去后，锥体 A 的价值可能变为非负。因此，如果 $Y=1$，即在本轮扫描中出现了价值大于或等于 0 的锥体，返回到第 1 步进行下一轮扫描；否则，说明本轮扫描中没有发现任何价值大于或等于 0 的锥体，算法结束。

以图 4-1 所示的二维价值模型为例，应用上述算法求最佳境界。设每个模块都是正方形，且最大允许帮坡角在整个模型范围都是 45°，算法过程如图 4-2 所示。第 1 层只有一个正模块 $b_{1,6}$，由于其上没有其他模块，所以以该模块为顶点的锥体只包含 $b_{1,6}$ 一个模块，锥体价值为 +2，如图 4-2(a) 所示。把这一锥体（亦即模块 $b_{1,6}$）采去，模型变为图 4-2(b)。第 1 层的所有正模块已考察完毕。

自左至右考虑第 2 层的正模块。第 1 个正模块为 $b_{2,4}$，以 $b_{2,4}$ 为顶点的锥体包含 $b_{1,3}$、$b_{1,4}$、$b_{1,5}$ 和 $b_{2,4}$ 共 4 个模块，锥体价值为 +1，将锥内的模块采去后，价值模型变为图 4-2(c)。第二层的下一个正模块为 $b_{2,5}$，以 $b_{2,5}$ 为顶点的锥体只包含 $b_{2,5}$，将其采去后，模型如图 4-2(d) 所示。第 2 层的所有正模块已考察完毕。

自左至右考虑第 3 层的正模块。第 1 个正模块为 $b_{3,3}$，从图 4-2(d) 可以看出，以 $b_{3,3}$ 为顶点的锥体价值为 −1，故不予采出。第 3 层的下一个正模块为 $b_{3,4}$，以 $b_{3,4}$ 为顶点的锥体价值为 0，采去该锥体后得图 4-2(e)。取第 3 层的下一个正模块 $b_{3,5}$，以 $b_{3,5}$ 为顶点的锥体价值为 −1，故不予采出。第 3 层的所有正模块已考察完毕。自此，对模型完成了一轮浮锥扫描。

基于当前模型（图 4-2e），再从第 1 层开始，进行下一轮扫描。从图 4-2(e) 可知，第 1、2 层没有正模块，第 3 层的第 1 个正模块为 $b_{3,3}$，以 $b_{3,3}$ 为顶点的锥体价值为 +2，如图 4-2(f) 所示，采去该锥体后，得图 4-2(g)。第 3 层的下一个正模块 $b_{3,5}$，以 $b_{3,5}$ 为顶点的锥体价值为 −1，故不予采出。自此，完成了第二轮浮锥扫描。

基于当前模型（图 4-2g），进行下一轮扫描。模型中不再存在任何价值为非负的锥体。算法结束。

在上述过程中采出的所有模块的集合组成了最佳境界，如图 4-2(h) 所示，最佳境界的总净价值为 +6。若按照此境界进行开采，开采终了的采场现状即如图 4-2(g) 所示。境界的平均体积剥采比为 7:5 = 1.4。

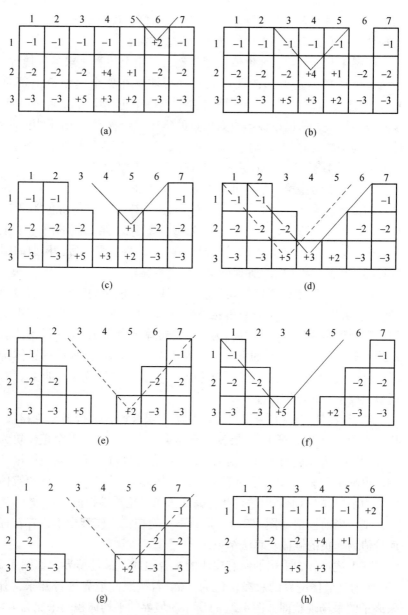

图 4-2   正锥开采浮锥法示例

在这一简单算例中，虽然应用正锥开采浮锥法的基本算法确实得到了总价值为最大的境界，但该方法是近似或"准优化"算法，在某些情况下不能求出总净价值为最大的境界。根本原因是这一算法没有考虑锥体之间的重叠。顶点位于某一正模块的锥体价值为正，是由于锥体中正模块的价值足以抵消负模块的价值。换言之，负模块得以开采是由于正模块的"支撑"。当顶点分别位于两个正模块的两个锥体有重叠部分时，若单独考察任一锥体，其价值可能为负；但当考察两锥体的联合体时，联合体的总价值却可能为正。结果，由于上述算法是依次考察单个锥体的，所以就可能遗漏本可带来盈利的模块集合。类似地，也可能导致开采一个本可以不采的非盈利模块集合。下面是两个反例。

反例1-遗漏盈利模块集合：对于图4-3所示情形，根据上述算法，结论是最终境界只包括 $b_{1,2}$ 一个块，因为以正模块 $b_{3,3}$、$b_{3,4}$ 和 $b_{3,5}$ 为顶点的三个锥体的价值均为负。然而，当考察这三个锥体的联合体，或以 $b_{3,4}$ 和 $b_{3,5}$ 为顶点的两个锥体的联合体时，联合体的价值都为正。所以，最佳开采境界应为粗黑线所圈定的模块的集合，总净价值为 +6。

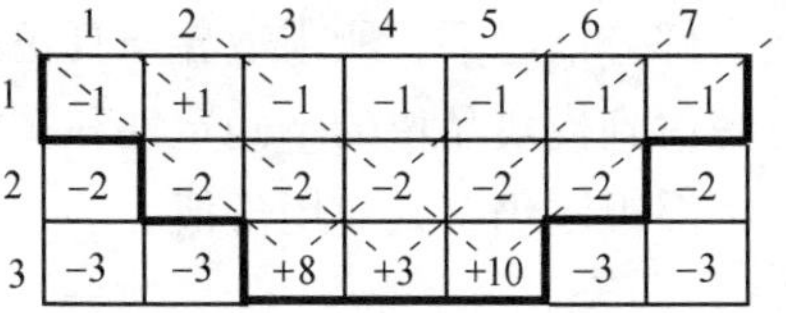

图4-3 正锥开采浮锥法反例1

反例2-开采非盈利模块集合：对于图4-4(a)所示的情形，在分别考察 $b_{2,2}$ 和 $b_{2,4}$ 时，以它们为顶点的两个锥体的价值均为负，故不予开采。当锥的顶点移到 $b_{3,3}$ 时，锥体价值为 +2，依据算法得出的境界为图4-4(b)所示的模块集合，境界总值为 +2。结果，境界包含了本可以不采的、具有负值的模块集合 $\{b_{2,3}, b_{3,3}\}$。出现这一结果的原因是算法没有考察图4-4(a)中两个虚线锥体的联合体。本例中的最优境界应该是图4-4(c)，其总价值为 +3。

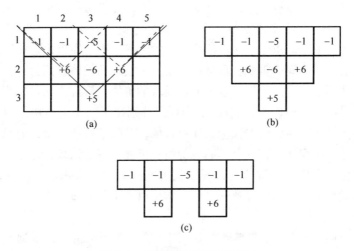

图4-4　正锥开采浮锥法反例2

从以上讨论可以看出，要使浮锥法能够找出总净价值最大的那个境界，就必须考虑锥体之间的重叠，考察所有具有重叠部分的锥体的不同组合（即联合体）。对于一个具有数十万乃至超百万个模块的实际矿床模型，这样做是不现实的。不过，虽然浮锥法不能保证求得境界的最优性，但在大部分情况下，所求境界与真正最优境界之间的差别并不是很大；再考虑到模块品位的不确定性和技术经济参数的不确定性和动态可变性，浮锥法仍有其应用价值。

4.2.2　锥壳模板

为简单明了起见，以上算例都是二维的，构造锥体并找出落入锥体的那些模块似乎很简单。对于三维空间的实际模型，这项运算就变得复杂而费时。而且，在实际应用中，由于不同部位的岩体稳定性不同以及运输坡道的影响，最终帮坡角一般都不是一个常数，而是不同方位或区域有不同的帮坡角，这就更增加了算法上的难度和运算时间。一个便于计算机编程且能够处理变化帮坡角的方法，是"预制"一个或多个足够大的**锥壳模板**。

图4-5(a)是一个三维倒锥体示意图。把三维锥壳在 $X-Y$ 水平面

上的投影离散化为与价值模型中模块在 X、Y 方向上的尺寸相等的二维模块，如图4-5(b)所示，标有"0"的模块对应于锥的顶点，称为**锥顶模块**；每一模块的属性是锥壳在该模块中心的 X、Y 坐标处相对于锥体顶点的垂直高度，顶点的标高为0。由于顶点是最低点，所以每一模块的相对标高均为正值。每一模块的相对标高根据其所在方位的最终帮坡角计算。如图所示，假设帮坡角分为四个方位范围，范围Ⅰ、Ⅱ、Ⅲ、Ⅳ内的帮坡角分别为45°、50°、48°、51°。如果模块的边长为20m，那么，由简单的三角计算可知，在标有 i 的那个模块的中心处，锥壳的相对标高为128.062m。这样，可以计算出模板上每一模块的锥壳相对标高。一个锥壳模板可以存在一个二维数组中。

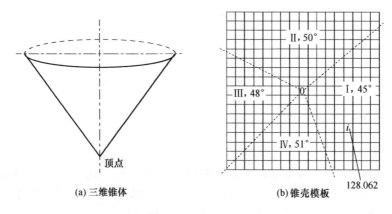

(a) 三维锥体   (b) 锥壳模板

图4-5　三维锥体及其锥壳模板示意图

有了预制的锥壳模板，在应用上述算法时，将模板的顶点模块置于品位模型中的正块 b_0 的中心，如果高于 b_0 的某一模块 b_i 的中心标高大于或等于模块 b_0 的中心标高加上模块 b_i 对应的锥壳模板上的模块的相对标高，则模块 b_i 落在以 b_0 为顶点的锥体内；否则，落在锥体外。

4.3　浮锥法Ⅱ——负锥排除法

正锥开采法是在模型中寻找那些值得开采的部分予以开采。为了满足帮坡角的约束，"值得开采的部分"就变为价值为正（或非负）

的锥体。那么反向思之，如果把模型中那些不值得开采的部分都排除掉，剩余的部分就具有最大的总价值，即最优境界。同理，为了满足帮坡角的约束，"不值得开采的部分"是价值为负的锥体；不过，这里的锥体是喇叭口向下的（与正锥开采法中的锥体相反），这一点可以用图4-6说明。假设图中的模块均为正方形，最大允许帮坡角为45°。如果排除了（即不采）价值为 -2 的模块 $b_{2,3}$，那么，以 $b_{2,3}$ 为顶点、以45°为锥壳倾角向下作的锥体（图中虚线所示）内的所有其他模块（$b_{3,2}$、$b_{3,3}$ 和 $b_{3,4}$）都无法开采，因为开采 $b_{3,2}$、$b_{3,3}$ 和 $b_{3,4}$ 都要求把 $b_{2,3}$ 也采去，或者说，$b_{3,2}$、$b_{3,3}$ 和 $b_{3,4}$ 都被 $b_{2,3}$ "压着"，只有把整个锥体排除，剩余的部分才能满足帮坡角约束。

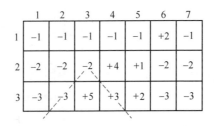

图 4-6   负锥排除法中的锥体

因此，负锥排除法的基本原理是：在模型中找出所有价值为负的（喇叭口向下的）锥体，予以排除，剩余部分即为最佳境界。锥体排除过程从一个最大境界开始，所以需首先圈定最大境界。本节的叙述中，我们把品位和价值合二为一的块状模型称为**矿床模型**。

4.3.1   最大境界的圈定——几何定界

根据探矿钻孔的布置范围和地表不可移动且必须保护的建/构筑物（如路桥、重要建筑等）与自然地貌（如河流、湖泊等）的分布，以及各种受保护物的法定保护范围，可以在地表圈定一个最大开采范围界线，即最终境界在地表的界线不可能或不允许超出这一范围。这一范围的圈定不需要准确，足够大且不跨越保护安全线就行。

图4-7是某铁矿床的地表地形和探矿钻孔布置图，图中的圆点表示钻孔；为具有代表性，还假设矿区西北部有一条不许改道且必须保

护的高等级公路，在西南部有一座受保护的千年古寺。依据钻孔布置范围以及距公路和古庙的安全距离要求，地表最大开采范围线可能如图中的粗点划线所示。

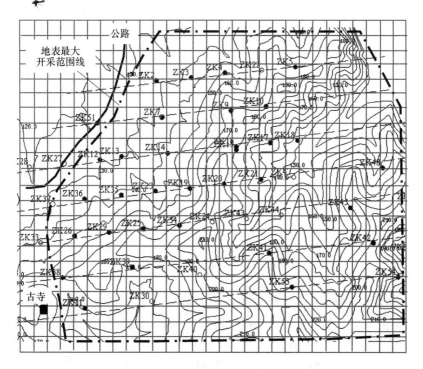

图 4-7　地表最大开采范围线圈定示意图

圈定了地表最大开采范围线之后，在矿床模型中找出模块柱中心距这一地表范围线的水平距离最近的所有模块柱，称之为**边界模块柱**。图 4-7 中的正方形网格即为模块柱的水平投影。然后，依次以每个边界模块柱中心线与地表的交点为顶点，按其所在方位（或区域）的最大允许帮坡角向下作锥体，把所有这些锥体从矿床模型中排除，模型的剩余部分就是几何上可能的最大境界。这一过程称为**几何定界**。

为清晰起见，在图 4-8 所示的二维剖面上进一步说明几何定界。图中的长方格表示模块，模块柱按自左至右的顺序编号。上盘的边界模块柱为模块柱 1，其中心线与地表的交点为 A 点。以 A 为顶点按上盘最大帮坡角 α 向下作锥体，并将它排除。下盘的边界模块柱为模块柱 21，其中心线与地表的交点为 B 点。以 B 为顶点按下盘最大帮坡角 β 向下作锥体，并将它排除。矿床模型剩余部分 ACB 即为该剖面上根据地表最大开采范围确定的最大几何境界。

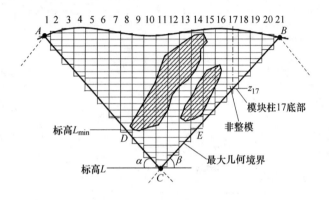

图 4-8 几何定界示意图

为了更准确地以块状模型表述境界的帮坡角和地表地形，使之与实际帮坡角和地表地形达到最大限度的一致，在排除一个锥体时，并不是把落入锥体中的模块全部按**整块**排除，而是把每一个与锥壳相交的模块柱的底部标高提高到该模块柱中线处锥壳的标高。例如，图中模块柱 17 中线处的锥壳标高为 z_{17}，所以就把该模块柱的底部提升到 z_{17}，底部以下的部分被排除。同理，每一个模块柱的顶部标高设置为该模块柱中心线处的地表标高。这样，所有模块柱的底部与顶部之间的部分就组成了境界。显然，在模块柱的底部和顶部会出现**非整模块**（一个模块的一部分）。

在最大几何境界内的下部，也许有若干个台阶没有矿石模块。图 4-8 中，标高 L_{min} 以下根本没有矿体。可以把境界的这部分（DEC）去掉，即把底部标高小于 L_{min} 的所有模块柱的底部标高提升到 L_{min}。最后得到的完全以块状模型表述的最大境界如图 4-9 所示，这个境界是该矿床在这个剖面上可能的最大境界。

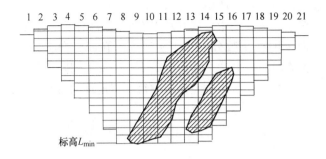

图 4-9 几何定界得到的最大境界

4.3.2 负锥排除算法

负锥排除法就是从上述几何定界得到的最大境界开始,寻找并排除那些价值为负的锥体(称之为**负锥体**),剩余部分即为最佳境界。排除过程可以是**外围排除或自下而上排除**。

4.3.2.1 外围排除算法

外围排除法就是在境界的外围寻找并排除负锥体,直到在境界的外围找不到负锥体为止。为叙述方便,定义以下变量:

J:矿床模型中的模块柱总数;

j:模块柱序号;

$b_{\min,j}$:模块柱 j 的底部模块;

$z_{\min,j}$:模块柱 j 的底部标高;

$z_{\max,j}$:模块柱 j 处的地表标高;

Y:0-1 变量,$Y=0$ 表示尚未排除任何锥体,$Y=1$ 表示已经有锥体被排除。

外围排除算法的步骤如下:

第 1 步:置当前境界为最大境界,置最大境界范围外的所有模块柱的底部标高等于该模块柱上的地表标高。依据给定的各个方位(或区域)的帮坡角,建立足够大喇叭口向下的锥壳模板,"足够大"是指把锥顶置于矿床模型中的任意一个模块的中心,锥壳在 $X-Y$ 水平面的投影都可覆盖矿床模型在 $X-Y$ 水平面上的全部。锥壳模板的模块边长等于矿床模型中模块在水平面上的边长,所以,锥壳模板在 X 和 Y 方向上的模块数分别等于矿床模型在同方向上的模块数的 2 倍。建立锥壳模板的方法与前面 4.2.2 节中所述相同,但由于这里的锥体是喇叭口向下,所以锥壳模板中每一个模块的属性值,即模块中心相对于锥体顶点的标高是负数。

第 2 步:置模块柱序号 $j=1$,即从矿床模型中第 1 个模块柱开始。

第 3 步:如果 $z_{\min,j}=z_{\max,j}$,说明整个模块柱 j 已经被排除(即不在当前境界范围之内),转到第 6 步;否则,继续下一步。

第 4 步:把锥体顶点置于模块柱 j 的底部模块 $b_{\min,j}$:如果 $b_{\min,j}$ 为整模块,把锥体顶点置于 $b_{\min,j}$ 的中心点;如果 $b_{\min,j}$ 为非整模块,把锥体顶点置于 $b_{\min,j}$ 的顶面的中心点。计算锥体的价值 V_j。

第 5 步:如果 $V_j<0$,把锥体从当前境界排除,即把底部标高低于锥壳标高的所有模块柱的底部标高提升到相应的锥壳标高;置 $Y=1$;排除了这一锥体后的境界变为当前境界;如果 $V_j \geqslant 0$,什么也不做。

第 6 步:置 $j=j+1$,如果 $j \leqslant J$,返回到第 3 步(即考察下一个模块柱);否则,继续下一步。

第 7 步:模型中所有的模块柱已经被浮锥"扫描"了一遍,扫描中发现的负锥体都已被排除。然而,由于许多锥体之间有重叠,负锥体的排除有可能产生新的负锥体。因此,如果 $Y=1$,即在本轮扫描中出现并排除了负锥体,则返回到第 2 步,进行下一轮扫描;否则,说明本轮扫描中没有发现任何负锥体,算法结束。

以剖面上的二维境界为例,进一步说明上述算法。图 4-10 即为图 4-9 中的最大境界。对于模块柱 1,条件 $z_{\min,1}=z_{\max,1}$ 成立,即整个模块柱 1 在求最大境界中已被排除。因此,转而考察模块柱 2,该模块柱的底部模块 $b_{\min,2}$ 为非整模块,所以把锥体顶点置于模块 $b_{\min,2}$ 顶面的中心点,称之为锥体 C_2(如图中所标示)。当前境界落入 C_2 的部分即为锥壳下的那一窄条。计算 C_2 的价值 V_2,假设 $V_2<0$,将 C_2 排除,即把底部标高低于锥壳标高的所有模块柱(本例中为模块柱

2~8）的底部标高提升到相应的锥壳标高，当前境界变为图4-11。
比较图4-10和图4-11可见，最大境界左侧外围被切去了一条。

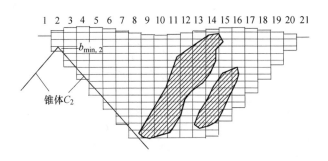

图4-10 外围排除法示例（Ⅰ）

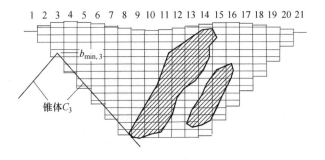

图4-11 外围排除法示例（Ⅱ）

现在考察模块柱3。该模块柱在当前境界内的底部模块 $b_{min,3}$ 为整模块，所以把锥体顶点置于模块 $b_{min,3}$ 的中心点，称之为锥体 C_3（如图4-11中所标示）。当前境界落入 C_3 的部分即为锥壳下的那一窄条。计算 C_3 的价值 V_3，假设 $V_3 < 0$，将 C_3 排除，即把底部标高低于锥壳标高的所有模块柱（模块柱3~8）的底部标高提升到相应的锥壳标高，当前境界变为图4-12，境界的左侧外围又被切去了一条。

再把锥体顶点移动到模块柱4在当前境界内的底部模块，……。如此移动下去，每移动一次，计算锥体价值，若价值为负，就把锥体排除，直到模块柱20被考察完毕，完成了一次扫描。

再从模块柱1开始，进行下一次扫描，直到在一次扫描中没有发现任何负锥体，算法终止。这时的境界就是最佳境界。本例的最佳境界可能如图 4-13 所示。

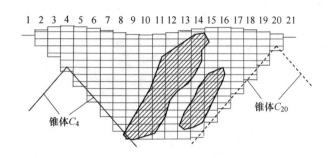

图 4-12　外围排除法示例（Ⅲ）

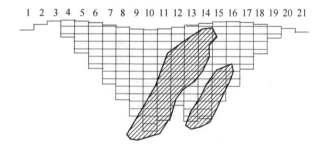

图 4-13　外围排除法得到的最终境界

外围排除算法中，每次移动锥体时，也可以不把锥体顶点置于模块柱底部模块 $b_{min,j}$ 的中心点或其顶面的中心点，而是置于模块柱中心线上距底部标高 Δz 的位置，即锥体顶点的标高为 $z_{min,j} + \Delta z$。Δz 的取值对于结果境界的最优性有影响；一般而言，Δh 越小，求得的境界就越优，即其总价值与真正最优境界的总价值越接近，但计算时间也越长。Δz 可以作为优化精度的控制参数，由用户输入。

外围排除算法也可以用于确定对应于一个给定经济合理剥采比的境界。不同之处在于：算法第 4 步不是计算锥体价值，而是计算锥体剥采比，即锥体中废石量与矿石量之比；算法第 5 步也不是依据锥体价值是否为负来确定是否排除锥体，而是依据锥体剥采比是否大于经济合理剥采比来确定是否排除锥体，即排除锥体剥采比大于经济合理剥采比的锥体。

在外围排除算法的第 4 步，需要计算顶点位于模块柱 j 的底部模块 $b_{\min,j}$ 的锥体的价值。利用预制的锥壳模板，计算锥体价值的算法如下。为叙述方便，先定义下列变量：

k：矿床模型中的模块层序号，第 1 层为模型中的最低模块层，最高层为第 K 层；

i：矿床模型中的模块柱序号，模块柱总数仍如前定义（为 J）；

$z_{\min,i}$：当前境界模块柱 i 的底部标高；

$z_{\max,i}$：当前境界模块柱 i 处的地表标高；

$b_{k,i}$：第 k 层、第 i 个模块柱的那个模块；

$z_{k,i}$：模块 $b_{k,i}$ 的中心标高；

$v_{k,i}$：模块 $b_{k,i}$ 的净价值；

h：模块高度，一般等于台阶高度。

z_j：上述算法中锥体顶点位于模块柱 j 的底部模块 $b_{\min,j}$ 时，锥体顶点的标高，等于 $b_{\min,j}$ 的中心点标高（$b_{\min,j}$ 为整模块时），或 $b_{\min,j}$ 的顶面标高（$b_{\min,j}$ 为非整模块时）。

V_j：锥体价值。

计算锥体价值的步骤如下：

第 1 步：置锥体价值 $V_j=0$；置模块柱序号 $i=1$，即从矿床模型中第 1 个模块柱开始。

第 2 步：如果 $z_{\min,i}=z_{\max,i}$，说明整个模块柱 i 不在当前境界范围之内，转到第 9 步；否则，继续下一步。

第 3 步：找出模块柱 i 对应的锥壳模板上的模块，该模块的属性值 z_q 是锥壳在该位置的相对标高（即相对于顶点的标高，为负值）。那么，模块柱 i 处的锥壳的绝对标高为

$$z_i=z_j+z_q \tag{4-4}$$

如果 $z_i>z_{\max,i}$，令 $z_i=z_{\max,i}$。

如果 $z_{\min,i}>z_i$，说明当前境界的模块柱 i 没有任何部分落入锥体，转到第 9 步；否则，继续下一步。

第 4 步：置模块层序号 $k=1$，即从矿床模型的最低模块层开始。

第 5 步：如果 $z_{k,i} - h/2 \geqslant z_i$，模块 $b_{k,i}$ 全部位于锥壳或地表以上，转到第 9 步；否则，执行下一步。

第 6 步：如果 $z_{k,i} + h/2 \leqslant z_i$，模块 $b_{k,i}$ 全部落入锥体内，把其价值计入锥体价值，即置 $V_j = V_j + v_{k,i}$；否则，执行下一步。

第 7 步：模块 $b_{k,i}$ 部分落入锥体内，其落入锥体内的体积比例可以用落入的高度比例近似，把同比例的模块价值计入锥体价值，即置 $V_j = V_j + v_{k,i}[z_i - (z_{k,i} - h/2)]/h$。

第 8 步：置 $k = k+1$，即沿着模块柱 i 向上走一个模块，如果 $k \leqslant K$，返回到第 5 步；否则，执行下一步。

第 9 步：置 $i = i+1$，如果 $i \leqslant J$，返回到第 2 步，考察下一个模块柱；否则，所有模块柱已考察完毕，算法结束。这时的 V_j 值即为所求锥体价值。

计算锥体剥采比的算法步骤与上述算法完全相同，只是依据模块的矿岩识别属性（是矿石模块还是废石模块）及其体积和体重，计算锥体的废石量和矿石量，进而计算锥体剥采比。

4.3.2.2 自下而上排除算法

顾名思义，自下而上排除法就是从最大境界的最低水平开始，以一个预定标高步长，逐步向上，一个水平一个水平地进行锥体扫描，把遇到的负锥排除。这一过程持续若干轮，直到在某一轮扫描中没有遇到任何负锥为止，剩余部分即为最佳境界。先定义以下变量：

z_{min}：当前境界的最低标高，即所有未被完全排除的模块柱的底部标高中的最小者；

z_{max}：最大境界范围内的最高地表标高；

z：当前水平标高；

Δz：标高步长；

$V_{i,z}$：顶点位于模块柱 i 中心线上 z 水平的锥体价值；

其他变量的定义同前。

自下而上排除算法如下：

第 1 步：置当前境界为最大境界；找出当前境界的最低标高 z_{min} 以及地表最高标高；预制锥壳模板。

第2步：置当前水平标高 $z = z_{min} + \Delta z$；$Y = 0$。

第3步：置模块柱序号 $i = 1$，即从当前水平的第一个模块柱开始。

第4步：如果 $z_{min,i} = z_{max,i}$，说明整个模块柱 i 不在当前境界范围之内，转到第8步；否则，继续下一步。

第5步：如果 $z_{min,i} \geqslant z$，模块柱 i 的底部标高高于当前水平，转到第8步；否则，继续下一步。

第6步：把锥体顶点置于模块柱 i 中心线上标高为 z 的位置，按照上述计算锥体价值的算法计算锥体价值 $V_{i,z}$。

第7步：如果 $V_{i,z} < 0$，把锥体从当前境界排除，即把底部标高低于锥壳标高的所有模块柱的底部标高提升到相应的锥壳标高，置 $Y = 1$，排除了这一锥体后的境界变为当前境界，刷新当前境界的最低标高 z_{min}；如果 $V_{i,z} \geqslant 0$，直接执行下一步。

第8步：置 $i = i + 1$，如果 $i \leqslant J$，返回到第4步，考察当前水平的下一个模块柱；否则，所有模块已考察完毕，执行下一步。

第9步：置 $z = z + \Delta z$，即把当前水平上移 Δz，如果 $z \leqslant z_{max}$，返回到第3步，进行这一新水平上的扫描；否则，执行下一步。

第10步：整个模型已经被浮锥自下而上扫描了一遍，扫描中发现的负锥都已被排除。然而，由于许多锥体之间有重叠，负锥的排除有可能产生新的负锥。因此，如果 $Y = 1$，即在本轮扫描中出现并排除了负锥，置此时的境界为当前境界，返回到第2步，进行下一轮扫描；否则，说明本轮扫描中没有发现任何负锥，算法结束。

该算法中 Δz 的取值会影响所得境界的最优性：一般而言，Δz 越小，求得的境界就越优，即其总价值与真正最优境界的总价值越接近，但计算时间也越长；反之亦反。因此，Δz 可以作为优化精度的控制参数，由用户输入。Δz 的取值一般为台阶高度的 $0.25 \sim 1.0$ 倍。与外围排除算法一样，该算法也可以用于确定对应于一个给定经济合理剥采比的境界。

以剖面上的二维境界为例，进一步说明自下而上排除算法。图4-14所示为最大境界，其最高标高 z_{max} 和最低标高 z_{min} 如图中所标示。算法开始时，最大境界即为当前境界。标高步长 Δz 设定为台阶高度

h（即模块高度）。

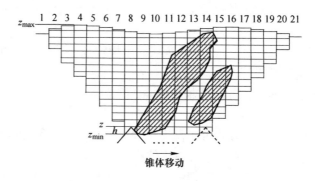

图 4-14   自下而上排除法示意图（Ⅰ）

置当前水平标高 $z = z_{\min} + h$，如图 4-14 中所标。模块柱序号 $i = 1$ 时，条件 $z_{\min,1} = z_{\max,1}$ 成立，即整个模块柱 1 已被排除；$i = 2 \sim 7$ 时，条件 $z_{\min,i} \geqslant z$ 成立，即这些模块柱的底部标高均高于当前水平。因此，当前水平的第一个锥体是顶点位于模块柱 8 的中心线上标高 z 处的锥体（图中的实线锥体），应用前述锥体价值的计算算法，计算该锥体的价值 $V_{8,z}$。如果 $V_{8,z} < 0$，将锥体排除，即把底部标高低于锥壳标高的所有模块柱的底部标高提升到相应的锥壳标高，排除锥体后的境界变为当前境界，然后把锥体浮动到同一水平的下一模块柱中线；如果 $V_{8,z} \geqslant 0$，直接浮动锥体。图 4-14 中的省略号和箭头表示这一锥体浮动过程。本水平最后一个锥体的顶点位于模块柱 14 的中线（图中的虚线锥体）。对于 $i = 15 \sim 20$，条件 $z_{\min,i} \geqslant z$ 成立；$i = 21$ 时，条件 $z_{\min,21} = z_{\max,21}$ 成立，所以对于 $i = 15 \sim 21$ 什么也不需要做。当前水平扫描完毕，排除了这一过程中发现的负锥后，当前境界变为如图 4-15 所示。

置 $z = z + h$，即当前水平上移一个台阶，重复上述过程。在这一新的当前水平上进行锥体扫描和负锥排除，如图 4-15 中所标示。

每提升一次当前水平 z，就重复上述锥体移动和负锥排除过程，直到 $z > z_{\max}$，就完成了一轮扫描。如果在本轮扫描中有负锥被排除，就基于本轮扫描得到的当前境界，进行下一轮扫描；否则，算法终止，当前境界即为最佳境界。

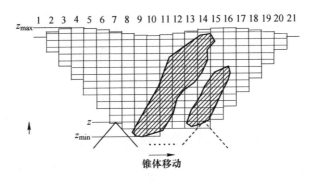

图 4-15　自下而上排除法示意图（Ⅱ）

4.4　LG 图论法

优化最终境界的图论法由 Lerchs 和 Grossmann 于 1965 年提出，所以也称为 LG **图论法**。该方法是具有严格数学逻辑的优化方法，对于任何给定的价值模型，都可以求出总价值最大的最优境界。由于该方法对计算机内存的需求较高、计算量较大，直到 20 世纪 80 年代后期才逐步得到实际应用；同时，一些研究者对该方法进行算法上的改进，以提高其运算速度。对于今天的计算机，该方法对内存和速度的要求已不再是问题，世界上几乎所有的商业化露天矿设计软件包都有该方法的模块。LG 图论法已经成为世界矿业界最广为人知的经典方法。

4.4.1　基本概念

在 LG 图论法中，用一个节点表示价值模型中的一个模块，露天开采的帮坡角约束用一组弧表示。**弧**是从一个节点指向另一节点的有向线。以图 4-16 为例，左侧图中的每个圆圈为一个节点，对应右侧图中的一个模块；每条箭线为一条弧。这个图的含义是：要想开采 i 水平上的那一节点所代表的模块，就必须同时采出 $i+1$ 水平上那五个节点代表的 5 个模块。为便于图示和理解，以下叙述均在二维空间进行。

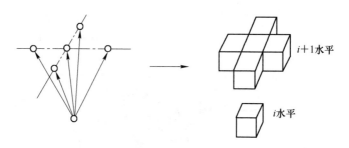

图 4-16   露天开采帮坡角约束的图论表示

图论中的**有向图**是由一组弧连接起来的一组节点组成，用 G 表示。图中节点 i 用 x_i 表示。所有节点组成的集合称为**节点集**，记为 X，即 $X = \{x_i\}$。图中从节点 x_k 到节点 x_l 的弧用 a_{kl} 或 (x_k, x_l) 表示，所有弧的集合称为**弧集**，记为 A，即 $A = \{a_{kl}\}$。由节点集 X 和弧集 A 形成的图记为 $G(X, A)$。如果一个图 $G(Y, A_Y)$ 中的节点集 Y 和连接 Y 中节点的弧集 A_Y 分别是另一个图 $G(X, A)$ 中 X 和 A 的子集，那么，图 $G(Y, A_Y)$ 称为图 $G(X, A)$ 的一个**子图**。子图可能进一步分为更多的子图。

图 4-17(a) 是由 6 个模块组成的价值模型，$x_i (i = 1, 2, \cdots, 6)$ 表示第 i 个模块，模块中的数字为模块的净价值。若模块为大小相等的正方体，最终帮坡角为 45°，那么该模型的图论表示就如图 4-17(b) 所示。图 4-17(c) 和图 4-17(d) 都是图 4-17(b) 的子图。模型中模块的净价值在图中称为**节点的权值**。

从露天开采的角度，子图 4-17(c) 构成一个可行的开采境界，因为它满足帮坡角约束条件，即从被开采节点出发引出的弧的末端的所有节点也属于被开采之列。子图 4-17(d) 不能形成可行开采境界，因为它不满足帮坡角约束条件（开采后会形成 90° 的帮坡）。形成可行的开采境界的子图称为**可行子图**。因为以可行子图内的任一节点为始点的所有弧的终点节点也在本子图内，所以可行子图也称为**闭包**。图 4-17(b) 中，x_1、x_2、x_3 和 x_5 形成一个闭包；而 x_1、x_2、x_5 不能形成闭包，因为以 x_5 为始点的弧 (x_5, x_3) 的终点节点 x_3 不在闭包内。闭包内诸节点的权值之和称为**闭包的权值**。例如，由 x_1、x_2、x_3 和

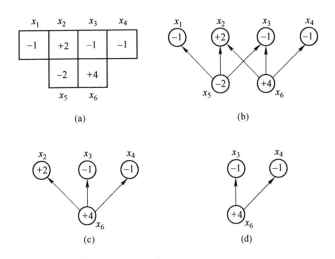

图 4-17　块状模型与图和子图

x_5 形成的闭包的权值为 -2。图 G 中权值最大的闭包称为 G 的最大闭**包。**

　　树是一个没有闭合圈的图。图中存在闭合圈，是指图中存在至少一个这样的节点，从该节点出发经过一系列的弧（不计弧的方向）能够回到出发点节点。图 4-17(b) 不是树，因为从 x_6 出发，经过弧 (x_6, x_2)、(x_5, x_2)、(x_5, x_3) 和 (x_6, x_3) 可以回到出发点 x_6，形成了一个闭合圈。图 4-17(c) 和图 4-17(d) 都是树。**根**是树中的一个特殊节点，一棵树中只能有一个根，用 x_0 表示。

　　如图 4-18 所示，树中方向指向根的弧，即从弧的终端沿弧的指向可以经过其他弧（其方向无关）追溯到树根的弧，称为 **M 弧**；树中方向背离根的弧，即从弧的终端追溯不到根的弧，称为 **P 弧**。将树中的一个弧 (x_i, x_j) 删去，树变为两部分，不包含根的那部分称为树的一个**分支**。在原树中假想删去弧 (x_i, x_j) 得到的分支是由弧 (x_i, x_j) 支撑着，由弧 (x_i, x_j) 支撑的分支上诸节点的权值之和称为**弧 (x_i, x_j) 的权值**。

　　在图 4-18 所示的树中，由弧 (x_3, x_1) 支撑的分支只有一个节点，即 x_1，故该弧的权值为 -1。由弧 (x_8, x_5) 支撑的分支的节点

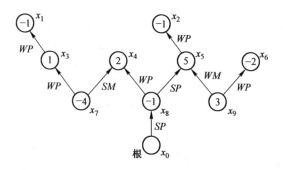

图 4-18　具有各种弧的树

包括 x_2、x_5、x_6 和 x_9，该弧的权值为 +5。权值大于零的 P 弧称为**强P 弧**，记为 SP；权值小于或等于零的 P 弧称为**弱P 弧**，记为 WP；权值小于或等于零的 M 弧称为**强M 弧**，记为 SM；权值大于零的 M 弧称为**弱M 弧**，记为 WM。图 4-18 是一个具有全部四种弧的树。

　　强 P 弧和强 M 弧总称为**强弧**，弱 P 弧和弱 M 弧总称为**弱弧**。强弧支撑的分支称为**强分支**，强分支上的所有节点都称为**强节点**。从采矿的角度来看，强 P 弧支撑的分支（简称 SP **分支**）上的节点符合开采顺序关系，而且其总价值大于零，所以是开采的目标。虽然弱 M 分支的价值大于零，但由于 M 弧指向树根，不符合开采顺序关系，故不能开采。由于弱 P 分支和强 M 分支的价值不为正，所以不是开采目标。

4.4.2　树的正则化

　　正则树是一个没有不与根直接相连的强弧的树。把一个树变为正则树称为树的**正则化**，其算法如下：

　　第 1 步：如果能在树中找到一条不与根直接相连的强弧（x_i，x_j），则进行这样的运算：若（x_i，x_j）是强 P 弧，则将它删除，代之以（x_0，x_j）；若（x_i，x_j）是强 M 弧，则将它删除，代之以（x_0，x_i）。如果找不到任何不与根直接相连的强弧，算法结束，此时的树为正则树。

第 2 步：重新计算第 1 步得到的新树中各弧的权值，并标注各弧的种类，返回到第 1 步。

图 4-18 中树的正则化过程如图 4-19 所示。图 4-18 中，弧 (x_7，x_4) 是一条不与根直接相连的强 M 弧，把它删除，代之以弧 (x_0，x_7)，树变为图 4-19(a) 所示的 T^1（其中各弧的种类已刷新）。T^1 中的弧 (x_8，x_4) 是一条不与根直接相连的强 P 弧，把它删除，代之以弧 (x_0，x_4)，树变为图 4-19(b) 所示的 T^2。T^2 中的弧 (x_8，x_5) 是一条不与根直接相连的强 P 弧，把它删除，代之以弧 (x_0，x_5)，树变为图 4-19(c) 所示的 T^3。T^3 中的强弧均与根直接相连，所以是正则树。

4.4.3 境界优化定理及算法

从前面的定义可知，最大闭包是权值最大的可行子图。从采矿角度来看，最大闭包是具有最大开采价值的开采境界。因此，求最优开采境界就是在价值模型所对应的图中求最大闭包。

定理 若有向图 G 的正则树的强节点集合 Y 是 G 的闭包，则 Y 即为最大闭包。

依据上述定理，求最终境界的图论算法如下：

第 1 步：依据最终帮坡角，将价值模型转化为有向图 G。这就需要找出开采某一模块所必须同时采出的上一层的模块，可以用一个喇叭口向上、锥壳倾角等于最终帮坡角的锥体来确定这些模块（具体方法见前面 4.2 节的正锥开采法）。但必须注意：当开采一个模块 b 需要同时开采其上多于一层的模块时，在图 G 中只需用弧把对应于 b 的顶点与比 b 高一层的那些必须同时开采的模块所对应的顶点相连，不能把对应于 b 的顶点与更高层模块所对应的顶点也用弧相连。如图 4-20 所示，根据帮坡角的约束，开采最低层上价值为 +5 的模块需要同时开采上面两层的所有模块，但图 G 中的弧只连接这一模块对应的顶点 x_9 和其上一层的三个模块对应的顶点 x_6、x_7 和 x_8。

第 2 步：构筑图 G 的初始正则树 T^0。最简单的正则树是在图 G 下方加一个虚根 x_0，并将 x_0 与 G 中的所有节点用 P 弧相连得到的树。计算各弧的权值，并标定每一条弧的种类。

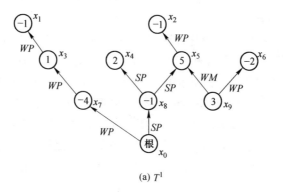

(a) T^1

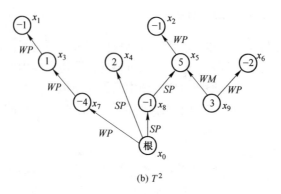

(b) T^2

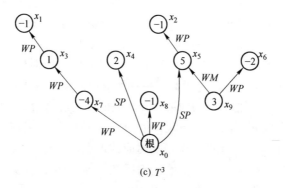

(c) T^3

图 4-19　树的正则化举例

第 3 步：找出正则树的强节点集合 Y。若 Y 是 G 的闭包，则 Y 为最大闭包。Y 中诸节点对应的块的集合构成最佳开采境界，算法终止；否则，执行下一步。

第 4 步：从 G 中找出这样的一条弧 (x_i, x_j)，即 x_i 在 Y 内、x_j 在 Y 外的弧，并找出树中包含 x_i 的强 P 分支的根点 x_r。x_r 是支撑强 P 分支的那条弧上属于分支的那个端点，由于是正则树，该弧的另一端点为树根 x_0。然后将弧 (x_0, x_r) 删除，代之以弧 (x_i, x_j)，得一新树。重新计算新树中诸弧的权值并标定弧的种类。

第 5 步：如果第 4 步中得到的树不是正则树（即存在不直接与根 x_0 相连的强弧），应用前述的正则化步骤，将树转变为正则树。回到第 3 步。

4.4.4 算例

以图 4-20(a) 所示的二维价值模型为例，进一步阐明上述算法。本例中的模块均为正方形，帮坡角假设为 45°，本算例即为 "4.2 浮锥法 I——正锥开采法" 中的反例 2。对应于这一价值模型的图 G 如图 4-20（b）所示。

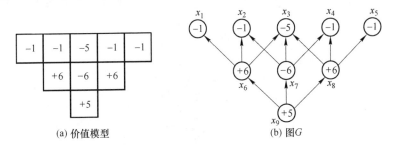

(a) 价值模型   (b) 图 G

图 4-20 价值模型及其图 G

把图 G 中的每一节点与根 x_0 相连，得初始正则树 T^0，如图 4-21 所示。

正则树 T^0 的强节点集 $Y = \{x_6, x_8, x_9\}$，如图中的点线所圈。Y 显然不是 G 的闭包。从原图 G（图 4-20b）中可以看出，Y 内的 x_6 与 Y 外的 x_1 相连，树中包含 x_6 的强 P 分支只有一个节点，即 x_6 本身，所

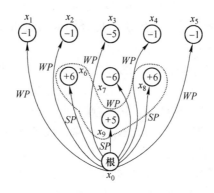

图 4-21　T^0

以这一分支的根点也是 x_6。应用算法第 4 步的规则，将 (x_0, x_6) 删除，代之以 (x_6, x_1)，并重新计算各弧的权值、标定各弧的种类，初始树 T^0 变为 T^1（图 4-22）。T^1 中的所有强弧都与根直接相连，是正则树。

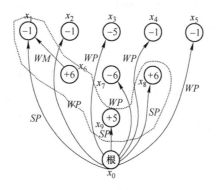

图 4-22　T^1

正则树 T^1 的强节点集 $Y = \{x_1, x_6, x_8, x_9\}$，如图中的点线所圈。$Y$ 不是 G 的闭包。从原图 G（图 4-20b）中可以看出，Y 内的 x_6 与 Y 外的 x_2 相连，树中包含 x_6 的强 P 分支是由弧 (x_0, x_1) 支撑的那个分支，该分支的根点是 x_1。应用算法第 4 步的规则，将 (x_0, x_1) 删除，代之以 (x_6, x_2)，并重新计算各弧的权值、标定各弧的种类，

树 T^1 变为 T^2（图 4-23）。T^2 中的所有强弧都与根直接相连，是正则树。

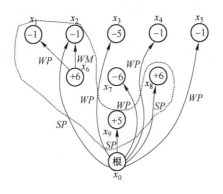

图 4-23 T^2

正则树 T^2 的强节点集 $Y = \{x_1, x_2, x_6, x_8, x_9\}$，如图中的点线所圈。$Y$ 不是 G 的闭包。从原图 G（图 4-20b）中可以看出，Y 内的 x_6 与 Y 外的 x_3 相连，树中包含 x_6 的强 P 分支是由弧（x_0, x_2）支撑的那个分支，该分支的根点是 x_2。应用算法第 4 步的规则，将（x_0, x_2）删除，代之以（x_6, x_3），并重新计算各弧的权值、标定各弧的种类，树 T^2 变为 T^3（图 4-24）。T^3 中的所有强弧都与根直接相连，是正则树。

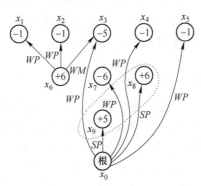

图 4-24 T^3

正则树 T^3 的强节点集 $Y = \{x_8, x_9\}$，如图中的点线所圈。Y 不是 G 的闭包。从原图 G（图 4-20b）中可以看出，Y 内的 x_8 与 Y 外的 x_3 相连，树中包含 x_8 的强 P 分支只有 x_8 一个节点，该分支的根点是 x_8。应用算法第 4 步的规则，将 (x_0, x_8) 删除，代之以 (x_8, x_3)，并重新计算各弧的权值、标定各弧的种类，树 T^3 变为 T^4（图 4-25）。T^4 中的所有强弧都与根直接相连，是正则树。

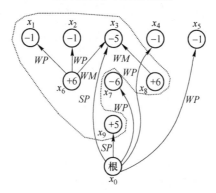

图 4-25 T^4

正则树 T^4 的强节点集 $Y = \{x_1, x_2, x_3, x_6, x_8, x_9\}$，如图中的点线所圈。$Y$ 不是 G 的闭包。从原图 G（图 4-20b）中可以看出，Y 内的 x_8 与 Y 外的 x_4 相连，树中包含 x_8 的强 P 分支是由弧 (x_0, x_3) 支撑的那个分支，该分支的根点是 x_3。应用算法第 4 步的规则，将 (x_0, x_3) 删除，代之以 (x_8, x_4)，并重新计算各弧的权值、标定各弧的种类，树 T^4 变为 T^5（图 4-26）。T^5 中的所有强弧都与根直接相连，是正则树。

正则树 T^5 的强节点集 $Y = \{x_1, x_2, x_3, x_4, x_6, x_8, x_9\}$，如图中的点线所圈。$Y$ 不是 G 的闭包。从原图 G（图 4-20b）中可以看出，Y 内的 x_8 与 Y 外的 x_5 相连，树中包含 x_8 的强 P 分支是由弧 (x_0, x_4) 支撑的那个分支，该分支的根点是 x_4。应用算法第 4 步的规则，将 (x_0, x_4) 删除，代之以 (x_8, x_5)，并重新计算各弧的权值、标定各弧的种类，树 T^5 变为 T^6（图 4-27）。T^6 中的所有强弧都与根直接相连，是正则树。

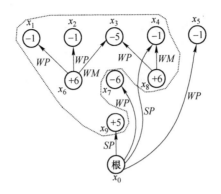

图 4-26 T^5

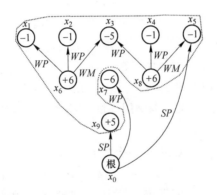

图 4-27 T^6

正则树 T^6 的强节点集 $Y = \{x_1, x_2, x_3, x_4, x_5, x_6, x_8, x_9\}$，如图中的点线所圈。$Y$ 不是 G 的闭包。从原图 G（图 4-20b）中可以看出，Y 内的 x_9 与 Y 外的 x_7 相连，树中包含 x_9 的强 P 分支只有 x_9 一个节点，该分支的根点是 x_9。应用算法第 4 步的规则，将 (x_0, x_9) 删除，代之以 (x_9, x_7)，并重新计算各弧的权值、标定各弧的种类，树 T^6 变为 T^7（图 4-28）。T^7 中的所有强弧都与根直接相连，是正则树。

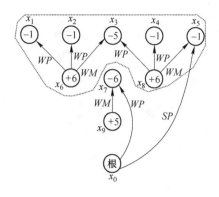

图 4-28 T^7

正则树 T^7 的强节点集 $Y = \{x_1, x_2, x_3, x_4, x_5, x_6, x_8\}$，如图中的点线所圈。$Y$ 是 G 的闭包，因为在原图 G（图 4-20b）中再也找不到从 Y 内的节点出发指向 Y 外的节点的弧；或者说，在 G 中以 Y 内的节点为始点的所有弧的终点节点也在 Y 内。因此，根据优化定理，这时的 Y 即为最大闭包，算法结束。最大闭包内各节点所对应的那些模块组成最优境界。可见，本例用浮锥法没能得到最优境界，而用 LG 图论法得到了。

图论法中每一节点对应一个模块，求得的最优境界是整数模块的集合。所以，所得境界的帮坡角很难与设定的帮坡角相符。而在浮锥法中，这一问题通过在境界帮坡处采用非整模块就很容易解决。

4.5 案例分析

本节基于一个大型铁矿床的地质数据，应用浮锥法中的锥体排除法进行境界优化，并就境界对于一些参数的灵敏度进行分析。

4.5.1 矿区地表地形及地表标高模型

该矿床已经开采若干年，南端已采到 -104m，北端已采到 -67m。采场现状及其周边的地形等高线和建（构）筑物如图 4-29

所示。矿区西边有一条公路和一条高压线路，东边有一条河流，南端的临时排岩场处及其以南的区域划归另一个地下矿开采。根据这些条件，圈定出该矿的最终境界的地表界线，如图中的粗线闭合圈所示，即最终境界在地表不能超出这一范围。这一范围南北长约2960m，东西最宽约1540m。

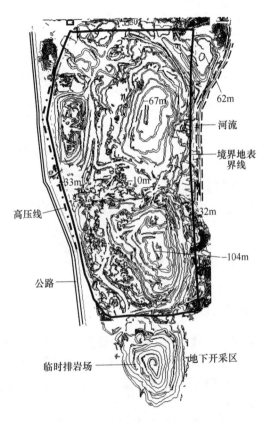

图 4-29 矿区地表地形及建（构）筑物

图中描绘采场现状的所有折线都是三维矢量线，其上的每个顶点都有标高属性。基于这些采场现状线和未采地表的地形等高线，应用第 3 章 3.5 节的标高模型建立算法，建立了矿区的地表标高模型。模型的模块为边长等于 25m 的正方形。另外，在采场的台阶面上有大量的测点。所以，利用测点的标高对模型进行了修正。最终得出的地表标高模型的三维显示如图 4-30 所示。

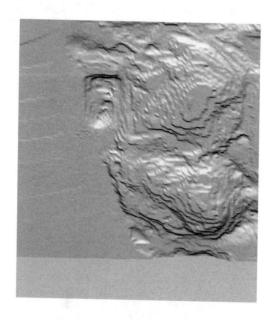

图 4-30　矿区地表标高模型的三维显示

4.5.2　矿体及块状品位模型

矿体走向近南北，倾向西，倾角一般为 30° ~ 50°，划分为 4 条矿体，相互之间呈近平行带状排列。矿体平均品位约 28% ~ 32%。北部探明矿体延深到 -562m，南部延深到 -412m。-277m 水平上的矿岩界线如图 4-31 所示。

基于钻孔取样和矿岩界线建立了品位块状模型，模块在水平面上为边长等于 25m 的正方形，模块高度等于台阶高度；台阶高度在 -67m 以下为 15m，在 -54m 以上为 12m。品位块状模型在图 4-31 所示的剖面线 I – I 、II – II 和 III – III 处的横剖面分别如图 4-32 ~ 图 4-34 所示，图中斜线充填的模块为矿石模块，空白模块为废石模块；区分矿岩的边界品位为 20%。

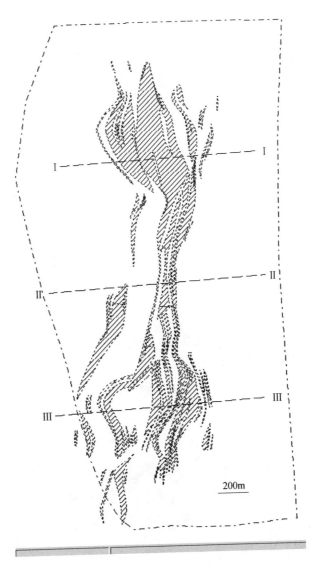

图 4-31　-277m 分层平面图

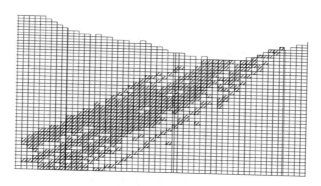

图 4-32 品位块状模型横剖面 I – I

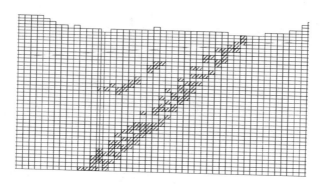

图 4-33 品位块状模型横剖面 II – II

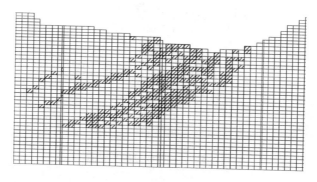

图 4-34 品位块状模型横剖面 III – III

4.5.3 相关技术经济参数

境界在不同方位的最大允许帮坡角列于表4-1，方位0°为正东方向。

表4-1 不同方位的最大允许帮坡角

方位/(°)	0.0	30.0	102.5	162.5	180.0	202.5	275.0	342.5
帮坡角/(°)	39.0	40.5	42.0	44.5	47.0	46.0	45.0	42.0

各层矿体和废石的原地容重见表4-2，其中Fe1和Fe2是表内矿，Fe3和Fe4是表外矿。

表4-2 矿体和废石的原地容积密度 (t/m³)

矿岩	Fe1	Fe2	Fe3	Fe4	四纪层	岩石
容积密度	3.30	3.28	3.11	3.14	2.00	2.70

优化中用到的相关技术经济参数的取值见表4-3，其中选矿成本是每吨入选矿石的选矿费用。本例中并没有基于品位块状模型建立价值模型，而是在算法中直接应用品位模型和表4-3中的参数，计算锥体的净价值；净价值小于或等于零的锥体被排除。

表4-3 技术经济参数

项目	矿石开采成本/¥·t⁻¹	岩石剥离成本/¥·t⁻¹	选矿成本/¥·t⁻¹	精矿售价/¥·t⁻¹	回采率/%
取值	25	15	100	650	94

项目	选矿金属回收率/%	精矿品位/%	废石混入率/%	混入废石品位/%	边界品位/%
取值	80	65	6	0	20

4.5.4 优化结果

基于上述模型和数据，应用作者开发的OpenMiner软件系统中的锥体排除算法，得出最优境界的标高模型。最优境界的技术经济指标列于表4-4，其三维透视图如图4-35所示，其等高线如图4-36所示。表4-4中的"原地矿石量"和"原地废石量"是损失贫化之前的矿岩量，"采出矿石量"和"采出废石量"是损失贫化之后的矿岩量；由于矿石损失率和废石混入率相等（均为6%），所以原地矿岩量和采出矿岩量相等。

表4-4　最优境界技术经济指标

原地矿石量 /10^4t	原地废石量 /10^4t	平均剥采比 /t：t	采出矿石量 /10^4t	采出废石量 /10^4t
50990	137633	2.699	50990	137633

采出矿石平均品位/%	精矿量 /10^4t	北部坑底标高/m	南部坑底标高/m	境界总盈利 /10^8¥
25.80	16193	-547	-397	208.72

图4-35　最优境界三维透视图

基于图4-36所示的境界等高线以及台阶要素和斜坡道要素，就可设计出具有台阶坡顶线、坡底线和道路的最终方案。

在图4-36所示的剖面线 Ⅰ－Ⅰ、Ⅱ－Ⅱ和Ⅲ－Ⅲ处的最优境界横剖面分别如图4-37～图4-39所示。从这些剖面图上可以大致看出，求得的境界是合理的。

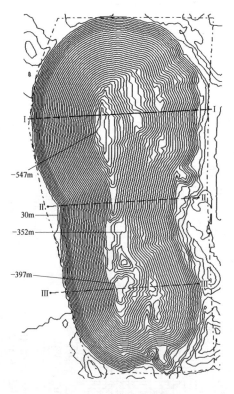

图4-36　最优境界等高线图

4.5.5　境界分析

露天矿设计中的最大不确定因素之一是矿产品的价格。因此，为了最大限度地降低投资风险，国际上的通行做法是进行境界分析，即针对一个可能范围内的不同矿产品价格，对境界进行优化和分析，以便为最终方案的设计提供决策依据。

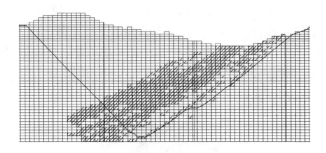

图4-37 最优境界横剖面Ⅰ-Ⅰ

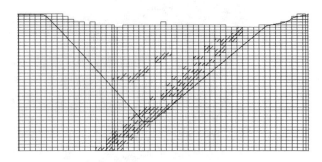

图4-38 最优境界横剖面Ⅱ-Ⅱ

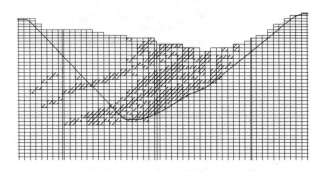

图4-39 最优境界横剖面Ⅲ-Ⅲ

在550~750¥/t的铁精矿价格范围内,以50¥/t的价格增量对境界进行优化,其他参数保持表4-3中的取值不变,优化结果见

表4-5。表中的矿石平均品位是采出矿石（即贫化后）的平均品位。为叙述方便，对应于精矿价格 X 的境界称为**境界**X，即用"境界550"表示对应于精矿价格为 550 ¥/t 的境界，依此类推。

表4-5　不同精矿价格的境界优化结果

指　　标	境　　　界				
	境界 550	境界 600	境界 650	境界 700	境界 750
矿石量/10^4 t	31637	48276	50990	52183	52347
废石量/10^4 t	54369	123367	137633	146383	147726
平均剥采比/t·t^{-1}	1.719	2.556	2.699	2.805	2.822
矿石平均品位/%	25.98	25.83	25.80	25.80	25.80
精矿量/10^4 t	10118	15350	16193	16570	16620
北部坑底标高/m	−412	−547	−547	−547	−547
南部坑底标高/m	−382	−397	−397	−397	−397

可见，境界尺寸随着精矿价格的上升而增大。图 4-40 所示是境界内矿石量和废石量随精矿价格的变化曲线。随着精矿价格的升高，境界尺寸的增量越来越小。精矿价格从 550 ¥/t 升高到 600 ¥/t 使境界尺寸大幅增大：境界内矿石量增加了近 1.7 亿吨，废石量增加了近 6.9 亿吨；9.1% 的价格上升引起了 52.6% 的矿石量增加和 127.0% 的废石量增加，矿岩总量增加了近 1 倍。境界在这一精矿价格区间有如此高的灵敏度，是因为 550 ¥/t 的精矿价格已经接近折算到 1 吨精矿

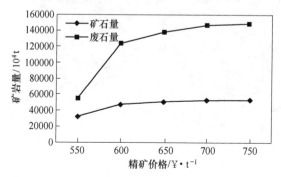

图 4-40　境界矿岩量随精矿价格的变化

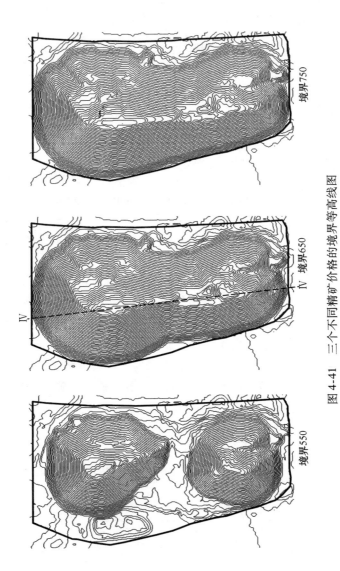

图 4-41 三个不同精矿价格的境界等高线图

的总成本（即采＋剥＋选成本）。

当精矿价格从 600 ￥/t 升高到 650 ￥/t（上升了 8.3%）时，境界总量增加了 9.9%，略高于价格上升率；其中，矿石量增加了 5.6%，废石量增加了 11.6%。

当精矿价格高于 650 ￥/t 时，境界对精矿价格的变化不再敏感；精矿价格从 700 ￥/t 上升到 750 ￥/t，境界的变化微乎其微。这是由于境界地表界线的约束造成的。图 4-41 给出了精矿价格分别为 550 ￥/t、650 ￥/t 和 750 ￥/t 时的境界等高线图，图中的粗框线为境界地表界线。可以看出，精矿价格为 650 ￥/t 时，境界在南端、北端和上盘已经采到或很接近地表界线，只有上盘的中部和西南角的两个小区段上有扩展空间。所以，由于境界扩展受到地表界线的约束，精矿价格的进一步升高也不会使境界有较大扩展。当精矿价格升到 750 ￥/t 时，境界除下盘外均已到达地表界线，而由于矿体的下盘倾角大都小于等于境界帮坡角，境界的扩展主要是在上盘方向。由此可以预见，即使把精矿价格提高到 800 ￥/t 甚至更高，境界尺寸的变化也是微乎其微的。图 4-42 ～图 4-44 是在三个横剖面上不同境界的对比（剖面线位置见图 4-36），图 4-45 是纵剖面上不同境界的对比（剖面线为图 4-41 中的 Ⅳ－Ⅳ）。从这些剖面图可以更清晰地看出境界形态随精矿价格的变化。

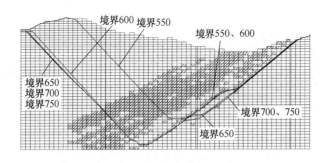

图 4-42　不同精矿价格的境界横剖面 Ⅰ－Ⅰ

通过上述分析可以得出如下结论：

（1）如果预测未来较长一个时期的铁精矿价格（以当前货币价

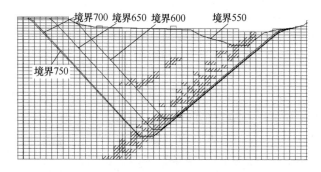

图 4-43　不同精矿价格的境界横剖面 Ⅱ – Ⅱ

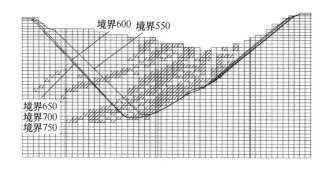

图 4-44　不同精矿价格的境界横剖面 Ⅲ – Ⅲ

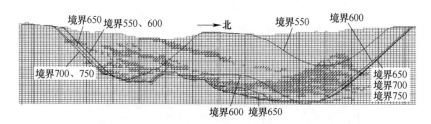

图 4-45　不同精矿价格的境界纵剖面 Ⅳ – Ⅳ

值计）在 650 ¥/t 以上的概率较高时，可以取境界 750 为最终境界，因为该境界已经是地表界线内的最大境界，而精矿价格在 650 ~ 750 ¥/t 之间，境界变化不大。

（2）如果预测未来较长一个时期的铁精矿价格（以当前货币价值计）在 650 ¥/t 以下的概率较高，而在 550 ¥/t 以下的概率不高时，可以考虑用境界 600 作为最终境界。

（3）如果预测未来较长一个时期的铁精矿价格（以当前货币价值计）在 550 ¥/t 以下的概率较高时，就需要对整个项目的盈利能力作更细致深入的研究，谨慎决策；或是以更低的价格水平优化一个小境界，先期进行较小规模的开采。若今后精矿价格明显上涨，再按较高的价格优化一个较大的境界，进行扩帮过渡，这类似于分期开采。

该矿床的储量大、开采寿命长，境界 650 内的矿石量约有 5 亿吨，以 2000 万 t/a 的高生产能力开采，寿命为 25 年。对如此长时期的价格进行较准确的预测是不现实的。因此，为了最大限度地降低投资风险，应采用分期开采，这也是国际上大型露天矿的通行做法。分期境界的优化详见第 9 章。

类似地，也可以分析境界对生产成本的敏感度。生产成本的上升对境界的影响与精矿价格降低类似，但不同的生产成本——矿石开采成本、剥岩成本和选矿成本——对境界的大小和形态的影响程度不同。

实际上，表 4-3 中的技术经济参数对境界的大小、形态和盈利能力都有影响。以一个"不起眼"的参数——废石混入率为例，以上优化中均为 6%。保持表 4-3 中的其他参数值不变，分别对废石混入率为 4% 和 8% 进行境界优化，表 4-6 列出了优化结果的对比。

与 6% 的废石混入率相比，废石混入率降到 4% 后，境界总量略有增大；废石混入率升高到 8% 后，境界总量略有缩小。但变化幅度都仅为约 0.5%，所以境界的形态和大小基本没有变化。

当废石混入率为 4% 时，由于它小于开采中的矿石损失率（100 − 矿石回采率 = 6%），所以采出矿石量（即入选矿石量）小于原地矿石量，而采出废石量大于原地废石量。与 6% 的废石混入率相比，由于降低了矿石贫化，采出矿石的平均品位（即入选矿石的平均品位）升高了，从 25.803% 提高到了 26.353%，提高了 0.55 个百分点。虽然与 6% 的废石混入率相比，入选矿量有所减少，但由于入选品位的升高，精矿量却有所增加。这些变化综合作用的结果是：废石混入率为4%的境界总价值，比废石混入率为6%的境界总价值增加了约11亿元，或5.5%。

表4-6   石混入率为4%~8%的境界技术经济指标

废石混入率 /%	境 界 指 标			
	原地矿石量 /10⁴t	原地废石量 /10⁴t	采出矿石量 /10⁴t	采出废石量 /10⁴t
6	50990	137633	50990	137633
4	51045	138327	49982	139390
8	50796	136854	51900	135750

废石混入率 /%	境 界 指 标			
	采出矿石平均 品位/%	精矿量 /10⁴t	境界总盈利 /10⁸¥	境界总盈利 变化/%
6	25.803	16193	208.72	0.0
4	26.353	16211	219.89	+5.4
8	25.256	16132	196.23	-6.0

当废石混入率为8%时，由于它大于开采中的矿石损失率（6%），所以采出矿石量（即入选矿石量）大于原地矿石量，而采出废石量小于原地废石量。与6%的废石混入率相比，由于增加了矿石贫化，采出矿石的平均品位降低了，从25.803%降到了25.256%，降低了0.55个百分点。虽然与6%的废石混入率相比，入选矿量有所增加，但由于入选品位的降低，精矿量却有所减少。这些变化综合作用的结果是：废石混入率为8%的境界总价值，比废石混入率为6%的境界总价值降低了约12亿元，或6.0%。

所以，如果矿山加强管理，能使废石混入率降低2个百分点——一个看起来微不足道的数，获得的总盈利可以增加5.4%。这对于大多数工业项目都是一个不可忽视的增加幅度。反之，如果矿山管理不善，致使废石混入率上升了2个百分点（这是能够轻易发生的），就会使总盈利损失6.0%。这对于大多数工业项目都是一个不可忽视的损失。

从本小节的境界分析可以看出，境界方案的最终确定不是一件简单的事情。简单地确定一个经济合理剥采比，在几个剖面（平面）上设计出一个方案，或是简单地应用某个优化软件得出一个优化结果并据此设计出最终方案，是难以得到一个经济效益高且投资风险低的好方案的。最终境界方案的确定需要尽可能准确地把握和预测相关参数，并针对不确定性较高的参数的变化进行深入细致的境界分析。

4.6 小结

就露天境界的单独优化而言，可以认为是一个已经解决了的问题。单独优化境界时，开采计划以及时间维度上的一切参数尚未确定，正常情况下的优化目标只能是总利润最大。本章描述的浮锥法和 LG 图论法是求最大利润境界的最常用方法，在大多数露天矿设计软件产品中都至少含有其中一种方法。然而，软件包是一个输入输出之间的黑匣子，只有了解其优化方法的基本原理和算法，才能理解和解释优化结果，判别其合理性。这是本章的写作目的之一。

境界优化并不是运行一次软件那么简单。且不说优化结果的后处理，优化结果本身就随若干参数的变化而变化。因此，首先需要针对相关参数做细致的数据挖掘、分析、整理甚至预测等准备工作，使它们的取值尽可能准确地反映所优化矿山及其技术经济条件的实际情况。其次，一些参数具有较高的不确定性，而且对境界的影响大；而境界设计又是一项关乎全局的重要工作。这就需要针对这些参数进行系统深入的境界分析，为最终方案的确定提供依据。本章的案例分析就揭示了一些参数的变化对境界的重要影响，以此展示类似分析的重要性。这是本章的另一个写作目的。不过，在分析的参数数量和分析深度方面，本章的案例分析还远远不够。比较完整的分析应该向两个方面扩展：一是估计出不确定性技术经济参数的不同取值的发生概率，这样就可以在分析结果中体现利润能够达到某一水平的概率是多少，也就可以确定利润低于这一水平的概率（即风险）有多高，进而确定出可接受风险水平下的境界方案。二是除对技术经济参数作不确定性分析外，对矿床品位的不确定性也进行不确定性分析。矿床中除了钻孔取样的部位，品位都是未知的；应用第 3 章介绍的方法（或任何其他方法），对矿床模型中的模块品位进行估值的结果，只代表一种可能的结果（即一个可能的实现）；对于同一组钻孔取样，有许许多多（理论上无穷多）可能的实现。如第 1 章所述，研究这种品位不确定性的方法是"条件模拟（Conditional simulation）"，也称作"高斯模拟（Gaussian simulation）"或"地质统计学模拟（Geostatistical simulation）"。应用条件模拟可以产生许多品位的可能实现，基于这些实现进行境界优化，就能对境界相对于品位不确定性的风险作出评估。条件模拟在国际上自 20 世纪 90 年代中期开始被大量研究和应用，有不少论著发表，有兴趣的读者可以参阅书后的相关文献。

5 境界优化与边界品位

边界品位是区分矿石与废石的临界品位，矿床中大于等于边界品位的块段为矿石，低于边界品位的块段为废石。边界品位有双指标和单指标之分。我国矿山多采用双指标边界品位，即"地质边界品位"和"最小工业品位"，前者小于后者。矿床中品位大于等于最小工业品位的块段有工业开采价值，是开采加工的对象，称为**表内矿**；品位介于两者之间的块段称为**表外矿**；品位低于地质边界品位的块段为废石。国际上通用的是单指标边界品位，没有表内矿和表外矿之分。单指标边界品位相当于双指标边界品位中的最低工业品位，但又不完全等同。

实际上，边界品位的作用是在两种选择间做出最合理的决策：即采还是不采；采出后是送往选厂还是送往排土场。由于在正常的经济环境中，矿业投资者的主要目的是获取尽可能高的投资收益，因此进行决策的基本准则是经济准则，即在两种选择中选取经济效益最好者。那些作为矿石处理不会为企业带来利润的块段，如果可以不采就不予开采；如果必须开采，采出后是作为废石送往排土场还是作为矿石送往选厂，要看两者中哪个损失最小。当为了满足短期矿量需求将部分表外矿作为矿石送往选厂时，实质上相当于将单指标边界品位临时降低了。故在任何时候，只要将某一块段采出并送往选厂，该块段就是矿石；否则就是废石。因此，边界品位在本质上的定义就是区分矿石与废石的临界品位；采用双指标边界品位将矿石划分为表内、表外矿意义不大。本章讨论的边界品位是单指标边界品位。

就露天开采而言，边界品位对最终境界的影响是不言而喻的：边界品位的变化直接导致矿床中矿石量和矿体形态的变化，进而导致最优境界的大小与形态的变化。这种影响的大小取决于品位的统计分布特征（即分布密度函数）和空间分布特征。边界品位和露天境界一直是被看作两个独立的问题而单独求解的，边界品位的计算结果是设计境界的输入；境界一经确定，在生产中即使边界品位变化了，也不再反过来研究境界的合理性。在我国的露天矿境界设计和生产实践中，普遍的做法是：首先应用某种计算模型或类比法确定一个边界品位；而后针对这一既定边界品位进行境界设计；在生产中采用的边界品位通常与设计中的相同，当经济环境发生了较大变化或由于其他原因调整边界品位时，境界仍然保持不变。这样的做法是否合理；如何正确计算露天开采的边界品位；在设计与生产中，边界品位的变化对露天矿境界和经济效益影响如何，是本章的研究内容。

5.1　露天矿边界品位的计算模型

优化最终境界时，由于采剥计划是未知的，所以无法计算每年的现金流，也就无法以总净现值最大作为境界优化的目标函数。因此，单独优化境界的目标函数都是总利润最大。同理，境界优化中采用的边界品位的计算，也以总利润最大为目标，而使总利润最大的边界品位是盈亏平衡品位。盈亏平衡品位的计算分两种情况：

（1）对于可以不采的块段，需要作的决策是采还是不采。由于可以不采，所以要采肯定是作为矿石开采，这时的盈亏平衡品位是满足平衡条件"作为矿石开采的利润＝不采的利润"的品位。

（2）对于必须开采的块段，需要作的决策是采出后是作为矿石处理还是作为废石排弃。这时的盈亏平衡品位是满足平衡条件"采出后作为矿石处理的利润＝作为废石排弃的利润"的品位。

对于露天开采，一旦设计好境界，境界内的所有块段无论品位高低都是开采的对象，所以露天矿在生产中的盈亏平衡品位应按上述第二种情况计算。

那么，境界设计中应按哪种情况计算盈亏平衡品位呢？境界设计的目的，是确定开采矿床的哪些部分和不开采哪些部分。所以，设计境界时的边界品位似乎应该按上述第一种情况计算。然而，从第4章对境界优化方法的阐述中可知，由于所求境界必须满足帮坡角的约束，所以决定采与不采的决策对象不是单个单元块段（基于块状模型优化时，单元块段即模块；为表述方便，以下均用"模块"一词），而是一个锥壳倾角等于最终帮坡角的锥体。境界优化中决定是否开采一个锥体的决策逻辑是：首先假定开采该锥体，计算开采它能够带来的利润；然后根据利润是否为正决定是否开采，即利润为正时开采，否则不开采。也就是说，境界优化是在假定开采锥体的条件下，区分哪些模块为矿石、哪些模块为废石的。一旦假设开采一个锥体，那么该锥体内的模块无论其品位高低，都是要开采的。矿岩划分的目的是确定锥体内的每一模块采出后如何处理：是作为矿石送入选厂，还是作为废石排弃到排土场。因此，境界设计中的盈亏平衡品位也应该按上述第二种情况计算。以下是盈亏平衡品位的计算模型的推导。

设一个模块的原地重量为 q，原地品位为 g_o。把这一模块作为矿石处理时，考虑到开采中的损失和废石的混入，采出的矿石量（即送入选厂的矿量）q_m 为：

$$q_m = \frac{q r_m}{1 - \rho} \tag{5-1}$$

式中，r_m 为矿石回采率；ρ 为废石混入率。

采出矿石的品位（亦即入选品位）g_m 为：

$$g_m = g_o - \rho(g_o - g_w) \tag{5-2}$$

式中，g_w 为混入到矿石中的废石的品位。

假设入选品位对于选矿金属回收率和精矿品位的影响可以忽略不计，这一模块能够产出的精矿量 q_p 为：

$$q_p = \frac{q r_m [g_o - \rho(g_o - g_w)] r_p}{(1 - \rho) g_p} \tag{5-3}$$

式中，r_p 为选矿金属回收率；g_p 为精矿品位。

当该模块被作为矿石处理时，开采中的矿石损失量 $(1 - r_m)q$ 变为其所属锥体的废石；开采中的废石混入使其所属锥体的废石量减少了 $\rho q_m = \rho r_m q/(1 - \rho)$。因此，把该模块按矿石开采所产生的废石增量 q_w 为：

$$q_w = q(1 - r_m) - \frac{\rho q r_m}{1 - \rho} \tag{5-4}$$

设矿山出售的产品为精矿，那么，把一个原地重量为 q、原地品位为 g_o 的模块作为矿石处理可获得的利润 V 为：

$$V = q_p p_p - q_m (c_m + c_p) - q_w c_w \tag{5-5}$$

式中，p_p 为单位重量精矿的售价；c_m 和 c_p 分别为单位重量矿石的开采成本和选矿成本；c_w 为单位重量废石的剥离与排弃成本。

将式（5-1）、式（5-3）和式（5-4）代入式（5-5），得

$$V = \frac{q r_m [g_o - \rho(g_o - g_w)] r_p}{(1 - \rho) g_p} p_p - \frac{q r_m}{1 - \rho}(c_m + c_p) -$$

$$q \left(1 - r_m - \frac{\rho r_m}{1 - \rho} \right) c_w \tag{5-6}$$

如果把该模块作为废石处理，其利润为 $-q c_w$，即等于其剥离与排弃成本。所以，作为矿石处理与作为废石处理之间的盈亏平衡条件为：

$$V = -q c_w \tag{5-7}$$

把式（5-6）代入上式后解出 g_o，即为满足这一平衡条件的盈亏平衡品位，记为 g_c，则

$$g_c = (c_m + c_p - c_w) \frac{g_p}{r_p p_p (1 - \rho)} - \frac{\rho}{1 - \rho} g_w \tag{5-8}$$

以 g_c 为边界品位对模块进行矿岩划分：品位高于或等于 g_c 的模块为矿石模块，品位低于 g_c 的模块为废石模块。然后就可以计算开采一个锥体能够带来的利润。

令 n_o 和 n_w 分别表示锥体中的矿石模块数和废石模块数；第 i 个矿石模块的原地重量为 q_i、品位为 $g_i (i = 1, 2, \cdots, n_o)$，$g_i \geqslant g_c$；第 j 个废石模块的原地重量为 $q_j (j = 1, 2, \cdots, n_w)$，$g_j < g_c$。开采一个矿石模块带来的利润由式（5-6）计算，剥离一个废石模块的利润为 $-q_j c_w$。把锥体中所有模块的开采利润相加，得到开采锥体的总利润 V_c：

$$V_c = \sum_{i=1}^{n_o} \frac{q_i r_m [g_i - \rho(g_i - g_w)] r_p}{(1 - \rho) g_p} p_p - \sum_{i=1}^{n_o} \frac{q_i r_m}{1 - \rho}(c_m + c_p) -$$

$$\sum_{i=1}^{n_o} q_i \left(1 - r_m - \frac{\rho r_m}{1 - \rho} \right) c_w - \sum_{j=1}^{n_w} q_j c_w \tag{5-9}$$

为了使其含义更为清晰，整理为如下形式：

$$V_{c} = p_{p} \sum_{i=1}^{n_{o}} \frac{q_{i} r_{m} [g_{i} - \rho(g_{i} - g_{w})] r_{p}}{(1 - \rho) g_{p}} - (c_{m} + c_{p}) \sum_{i=1}^{n_{o}} \frac{q_{i} r_{m}}{1 - \rho} -$$

$$c_{w} \Big[\sum_{j=1}^{n_{w}} q_{j} - \sum_{i=1}^{n_{o}} \frac{q_{i} \rho r_{m}}{1 - \rho} + \sum_{i=1}^{n_{o}} q_{i} (1 - r_{m}) \Big] \tag{5-10}$$

式中,$\sum\limits_{i=1}^{n_{o}} \dfrac{q_{i} r_{m} [g_{i} - \rho(g_{i} - g_{w})] r_{p}}{(1 - \rho) g_{p}}$ 为锥体中的矿石模块产出的精矿量;

$\sum\limits_{i=1}^{n_{o}} \dfrac{q_{i} r_{m}}{1 - \rho}$ 为考虑开采中矿石损失和废石混入后,开采锥体中的矿石模块实际采出的矿石量,也是开采锥体得到的入选矿量;

$\sum\limits_{j=1}^{n_{w}} q_{j} - \sum\limits_{i=1}^{n_{o}} \dfrac{q_{i} \rho r_{m}}{1 - \rho}$ 为锥体中废石模块的量减去混入到矿石中的废石后的余量;

$\sum\limits_{i=1}^{n_{o}} q_{i} (1 - r_{m})$ 为锥体中矿石模块在开采中损失的、进入废石的量;

所以,$\sum\limits_{j=1}^{n_{w}} q_{j} - \sum\limits_{i=1}^{n_{o}} \dfrac{q_{i} \rho r_{m}}{1 - \rho} + \sum\limits_{i=1}^{n_{o}} q_{i} (1 - r_{m})$ 是开采锥体所剥离的废石量。

如果按式(5-8)计算的边界品位 g_{c} 划分矿岩,按式(5-9)或式(5-10)计算的任何一个锥体的开采利润大于零,该锥体就应该被开采而成为境界的一部分;否则,该锥体不予开采。式(5-9)或式(5-10)也可用于计算一个设计好的境界的总利润,这时的 n_{o} 和 n_{w} 分别是境界中的矿石模块总数和废石模块总数。

上述边界品位的计算方法及其在境界优化中的使用,对于浮锥法和 LG 图论法均适用。如果是基于价值模型进行境界优化,首先依据相关技术经济参数按式(5-8)计算边界品位 g_{c},应用 g_{c} 把品位模型中的所有模块划分为矿石模块和废石模块;而后计算每一模块的开采价值(即假如开采模块能够带来的利润),就得到了价值模型。然后应用浮锥法或 LG 图论法求最佳境界。

实际上,无论用什么方法优化或设计境界,只要目标是使总利润最大,上述计算露天矿最佳边界品位的方法都有效。但式(5-8)在形式上会因为考虑的影响因素不同而不同。例如，对于一些矿种和选矿流程而言，精矿品位 g_p 和选矿金属回收率 r_p 可能不是近乎常数，而是入选品位 g_m 的函数；而精矿价格 p_p 又是精矿品位 g_p 的函数。这种情况下，推导出的边界品位计算公式与式（5-8）会有较大的差别，但推导的逻辑是相同的。式（5-8）是在一定程度上简化了的、较为实用的公式，因为其中的所有参数都是矿山设计中的必备参数，具有易得性。

5.2 案例矿床模型

本章的剩余部分通过案例就不同条件下边界品位对境界和总利润的影响作深入分析。本节为案例分析建立矿床模型，并给出模型中模块品位的统计学分布。

案例分析中所使用的矿山地表标高模型与上一章 4.5 节相同，品位块状模型却不同：在 4.5 节中，分层平面图中的矿体界线是模块品位估算的"硬约束"，即矿体界线外的模块的品位均设为 0；矿体界线内的模块的品位估算中，矿层的平均品位的比重为 70%，钻孔取样的估值品位占 30%，且矿体界线内模块的最低品位是预设的边界品位（20%）。

为了较真实地体现边界品位的变化对境界及其总利润的影响，品位模型必须反映模块品位的全频谱变化，所以重新建立了品位块状模型：上述矿体界线的硬约束被取消；矿体界线内的模块的品位计算中，矿层的平均品位和钻孔取样的估值品位各占 50%；对矿体界线内的模块不再有最低品位的限制。同样是为了充分体现边界品位对最优境界的作用，4.5 节中地表开采范围的约束也被取消。

基于新建立的品位块状模型，应用上一章中的负锥排除法得到一个很大的境界，该境界足以包括本章分析中的所有境界，所以该境界中模块品位的统计学分布代表了矿床有效设计区域的品位分布。通过对这一大境界中模块品位和重量的统计，得出模块品位分布的直方图，如图 5-1 所示。图中每一品位段间隔为 1%。可以看出，品位高于 11% 的那部分的品位分布是比较规整的正态分布，这部分的品位分布单独示于图 5-2；该分布的平均品位为 26.15%，均方差

为 3. 76% ；95% 的置信区间为［17. 75% , 32. 77%］，即品位在
17. 75% ~ 32. 77% 区间的重量占 95% 。

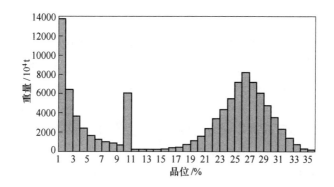

图 5-1　品位块状模型中模块品位的分布直方图

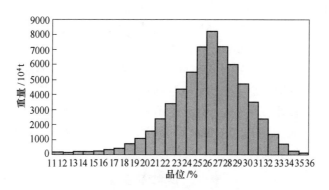

图 5-2　品位高于 11% 的模块品位分布直方图

5.3　给定条件下境界和总利润随边界品位的变化

边界品位对露天矿的影响是双重的：在境界设计中，边界品位直
接影响境界的大小和形态，甚至通过这种影响作用于后续的采剥计
划，从而影响整个矿山的经济效益；在生产中，边界品位会直接影响
生产剥采比和经济效益。为表述方便，下文中把境界设计中使用的边
界品位称为**设计边界品位**，用 g_1 表示；把生产中使用的边界品位称

为**生产边界品位**，用 g_2 表示。本节利用上述矿床模型，在相关技术境界参数不变的条件下，分析境界和总利润随生产边界品位和设计边界品位的变化规律，以此界定：

(1) 在给定的技术经济参数不变的条件下，对于一个依据选定的边界品位设计的境界而言，在开采过程中生产边界品位在什么范围变化，不会对总利润造成不可忽视的影响；或从另一个角度讲，生产边界品位降低或提高到什么程度，才会对总利润造成不可忽视的影响。

(2) 在给定的技术经济参数不变的条件下，设计边界品位在什么范围内变化，优化得到的不同境界的总利润之间并无不可忽视的差异；或者，设计边界品位降低或提高到什么程度，优化得到的境界的总利润会有明显降低。

基于上节建立的品位块状模型，应用表 5-1 中的技术经济参数（帮坡角和容积密度同第 4 章 4.5.3 节中表 4-1 和表 4-2），用负锥排除法，对于 11% ~ 26% 的不同设计边界品位 g_1，优化出一系列境界；然后，对于每一个境界，使生产边界品位 g_2 在 10% ~ 25% 的范围内变化，应用式 (5-10) 计算出同一境界对应于这些边界品位的一系列总利润，其中 8 个境界的结果数据列于表 5-2。表 5-2 中的一列代表依据一个设计边界品位所优化的境界，对于不同的生产边界品位可获得的总利润。其中，14.63% 是应用公式 (5-8) 和表 5-1 中的参数计算的盈亏边界品位。

表 5-1　技术经济参数

项目	矿石开采成本 /¥·t^{-1}	岩石剥离成本 /¥·t^{-1}	选矿成本 /¥·t^{-1}	精矿售价 /¥·t^{-1}	回采率 /%
取值	25	15	100	650	94

项目	选矿金属 回收率/%	精矿品位 /%	废石混入率 /%	混入废石品位 /%
取值	80	65	6	0

从表 5-2 可以看出，对于每一个境界（每一列中），总利润最大的边界品位是按公式 (5-8) 计算的盈亏平衡品位 (14.63%)，这

也证明了公式推导的正确性。在理论上，当设计边界品位 g_1 和生产边界品位 g_2 均为盈亏平衡品位时，总利润应该是所有 $g_1 - g_2$ 组合中的最大者；但表中利润最大的设计边界品位 g_1 不是 14.63%，这并不意味着盈亏平衡品位不是使总利润最大的境界设计边界品位。这一计算结果与理论上的不符，来源于浮锥法不是严格的优化方法这一算法上的误差。表中最大利润只比 g_1 和 g_2 均为 14.63% 时的利润大 0.55%，是在算法误差范围内的。

表 5-2　不同设计与生产边界品位的境界利润　　　　　10^8 ¥

生产边界品位 g_2	设计边界品位 g_1							
	11%	14.63%	16%	20%	22%	24%	25%	26%
10%	141.08	142.83	142.76	143.31	144.74	143.86	141.93	137.71
11%	159.14	160.52	160.42	160.71	161.48	159.73	152.30	145.70
12%	159.51	160.89	160.79	161.04	161.80	160.02	152.46	145.84
13%	159.73	161.11	161.01	161.26	162.02	160.22	152.59	145.91
14%	159.85	161.24	161.13	161.38	162.13	160.34	152.64	145.95
14.63%	159.87	161.26	161.15	161.41	162.15	160.35	152.65	145.95
15%	159.87	161.25	161.15	161.40	162.15	160.35	152.64	145.95
16%	159.75	161.15	161.04	161.30	162.05	160.25	152.59	145.91
17%	159.38	160.80	160.69	160.97	161.73	159.95	152.43	145.81
18%	158.66	160.08	159.97	160.27	161.09	159.34	152.07	145.63
19%	157.19	158.67	158.56	158.95	159.82	158.16	151.26	145.19
20%	154.15	155.67	155.58	156.16	157.25	155.76	149.92	144.30
21%	148.53	150.16	150.08	150.77	152.41	151.23	147.49	142.80
22%	138.53	140.35	140.29	141.15	143.85	143.34	142.55	139.43
23%	121.81	123.76	123.72	124.79	128.12	129.52	133.97	133.44
24%	97.49	99.92	99.94	101.19	105.19	108.92	120.26	123.69
25%	63.27	65.96	66.00	67.51	72.49	77.49	98.99	108.82

5.3.1　境界总利润随生产边界品位的变化特征

为清晰展示境界总利润随边界品位的变化趋势，把表 5-2 中的数据作图，如图 5-3 所示。图中的一条曲线对应于表中的一列。

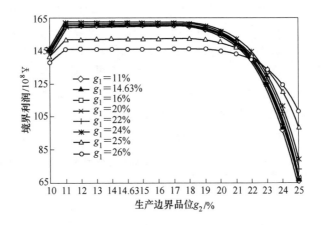

图 5-3   境界利润随设计和生产边界品位的变化曲线

(精矿价格 = 650 ¥/t)

图 5-3 中的每一条曲线显示出一个既定境界的总利润随生产边界品位的变化。可以看出,对于用区间 [11%, 26%] 内的不同设计边界品位 g_1 所优化的这些境界,其总利润随生产边界品位 g_2 的变化趋势十分相似:

(1) 当生产边界品位 g_2 低到 10% 时,所有境界的利润都有显著降低,比各自的最大值下降了 6% ~ 12%。矿床模型中品位段 10% ~ 11% 的总量见图 5-1,各境界中的原矿量和精矿量随生产边界品位的变化曲线分别见图 5-4 和图 5-5。从这些图中可知,落入品位段 10% ~ 11% 的量较大,而这部分量的品位低于盈亏平衡品位 (14.63%),所以把这部分量作为矿石处理要比作为废石处理导致更大的损失。这是生产边界品位从 11% 降到 10% 时,各境界的利润都有显著降低的原因。

(2) 当生产边界品位 g_2 在区间 [11%, 19%] 内变化时,各境界的利润对 g_2 的敏感度很低:相对于各自的最大值而言,利润的变化幅度均小于 2%。这是由于矿床模型及各境界中落入这一品位区间的量很小 (见图 5-2、图 5-4 和图 5-5),把这部分量划分为矿石或废石对总利润的影响也很小。

（3）生产边界品位 g_2 高到20% ~21%时，各境界的利润开始出现不可忽视的下降，比各自的最大值降低3% ~7%；且生产边界品位 g_2 的进一步提高，各境界的利润都加速下降。这是由于生产边界品位达到这一水平时，各境界中的原矿量和精矿量开始出现较明显下降，且随着生产边界品位的进一步提高而加速下降（见图5-4 和图5-5）。下降的这部分量的品位显著高于盈亏平衡品位（14.63%），作为矿石处理会获得较高的利润，作为废石处理就会造成较大的利润损失，且这种损失随生产边界品位的进一步提高会加速增加。

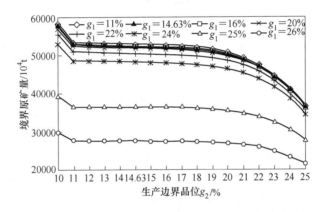

图5-4 境界原矿量随设计边界品位和生产边界品位的变化曲线

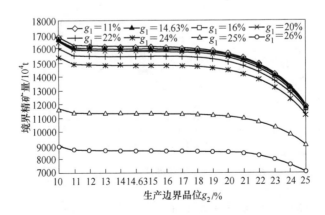

图5-5 境界精矿量随设计边界品位和生产边界品位的变化曲线

综上所述，就给定的矿床模型和技术经济参数，可以做出如下结论：对于区间［11%，26%］中任一品位作为设计边界品位所设计的境界，在生产中边界品位在 11% ~ 19% 的范围内变动，不会对境界的总利润造成不可忽视的影响；生产边界品位降低到 10% 或提高到 20% ~ 21% 时，境界利润开始有较明显的下降；生产边界品位在 21% 以上进一步提高时，境界利润会加速下降。因此，就本案例而言，合理的生产边界品位有一个较宽的范围，即 11% ~ 19%。

5.3.2 境界总利润随设计边界品位的变化特征

从图 5-3 可以看出，当设计边界品位 g_1 为 11% ~ 24% 时，所得各境界的利润曲线基本重叠；尤其是在生产边界品位 $g_2 = 11%$ ~ 20% 的曲线段，重叠度很高，境界利润之间的差别小于 1%。也就是说，以 11% ~ 24% 范围内，不同的边界品位所得的不同最优境界，其利润几乎不变，境界利润对于这一范围的设计边界品位很不敏感。当设计边界品位 g_1 达到 25% 后，近水平段的利润曲线显著下移：$g_1 = 25%$ 时下降约 5%，$g_1 = 26%$ 时下降约 9%。

那么，设计边界品位对于境界的大小影响如何呢？图 5-6 为境界总量随设计边界品位的变化曲线，可以看出以下两点：

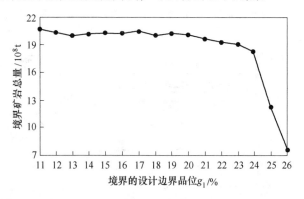

图 5-6 境界矿岩总量随设计边界品位的变化曲线

（1）境界并不是随着设计所用的边界品位的升高而单调缩小，其大小在一定的边界品位范围内（本例的这一范围为 11% ~ 19%）

有小的升降起伏。这是由于对于给定的技术经济参数，境界的大小及形态不仅与设计中采用的边界品位有关，而且与品位在矿床中的空间分布有关。

（2）当设计边界品位达到较高的数值（本例中的这一品位值约为19%）后，境界随设计边界品位的提高而单调缩小。这是由于边界品位较高时，作为矿石处理可以获得较高利润的一部分量被作为废石处理而变为亏损。在境界优化中，这部分量不但不再支撑低品位量的剥离，而且其本身也被尽量排除在境界之外，所以境界必然缩小。

对比图5-3～图5-6，会发现一个似乎矛盾的现象。图5-4～图5-6显示：当设计边界品位 g_1 达到24%时，境界的原矿量、精矿量和矿岩总量与 $g_1 = 11\%$ ～23%的那些境界相比，均出现了较显著下降；然而图5-3显示：$g_1 = 24\%$ 的境界利润，在合理的生产边界品位范围内，却与 $g_1 = 11\%$ ～23%的那些境界的利润几乎没有差别。实际上并不矛盾，因为精矿量的减少降低了销售收入，原矿量和废石量的减少降低了生产成本，收入与成本的降低互相抵消，致使利润几乎不变。

综合上述分析，对于算例中的矿床品位分布和给定的技术经济参数而言，设计边界品位取11%～24%、生产边界品位取11%～19%都是合理的；设计边界品位的合理范围与生产边界品位的不同，如果生产边界品位高到24%，境界利润会大幅下降（见图5-3），下降幅度达15%～39%。本算例的设计和生产边界品位的合理取值范围之大，有点超乎预料。一般认为，边界品位变化5个百分点就会对总利润产生重大影响，而本例并非如此。这种较大的伸缩性主要来源于品位的统计学分布和空间分布。对于品位分布特征与本算例差别较大的矿床，合理边界品位的取值范围可能会有较大的不同。

5.4　不同技术经济条件下境界和总利润随边界品位的变化

以上结论是针对所给定的相关技术经济参数作出的。那么，对于不同的技术经济参数的取值，境界利润随设计和生产边界品位的变化特征以及合理边界品位的范围，是否会有较大的不同呢？矿山优化设计用到的相关技术经济参数中，精矿价格是最有可能出现较大幅度变化的, 而且其变化对矿山企业生产经营的影响也大。下面以不同的精矿价格为例对上述问题加以分析。

图 5-7 是精矿价格升高到 750 ¥/t (比上述分析中的 650 ¥/t 升高了 15%)、其他参数保持不变时, 境界利润随设计和生产边界品位的变化曲线。与精矿价格为 650 ¥/t (图 5-3) 相比, 虽然各境界的利润值都增加了约 1 倍, 但境界利润随边界品位的变化趋势却很相似:

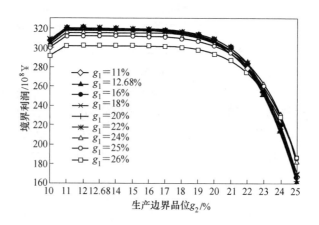

图 5-7 境界利润随设计和生产边界品位的变化曲线 (精矿价格 =750 ¥/t)

(1) 就任意一个设计边界品位 g_1 对应的境界而言 (沿着任意一条曲线看), 生产边界品位 g_2 低到 10% 时, 境界利润有较明显的降低 (比最高值低约 4%); g_2 在区间 [11%, 18%] 内变化时, 各境界的利润几乎没有变化, 相对于各自的最大值的变化幅度均小于 1.5%; g_2 达到 19% ~20% 时, 境界利润开始有较明显下降 (比各自的最大值下降 2% ~4%), 之后, 境界利润随 g_2 的增加而加速降低。因此, 精矿价格从 650 ¥/t 到 750 ¥/t 后, 合理的生产边界品位仍然是一个较宽的范围, 即 11% ~18%, 其上限比精矿价格为 650 ¥/t 时略有下降。

(2) 计边界品位 g_1 为 11% ~24% 时, 所得各境界的利润差别很小 (曲线之间距离很小), 在近水平的中间段, 利润差别小于 1%;

g_1 达到 25% 时,在合理的生产边界品位范围内,利润曲线有较明显的下降,降幅约 2% , g_1 达到 26% 时降幅约 5% 。这两条曲线的下降幅度比精矿价格为 650 ¥/t 时小了。合理的设计边界品位范围仍应该取 11% ~24% ,但上限有扩大的趋势。

总之,精矿价格从 650 ¥/t 升高到 750 ¥/t 后,境界利润随边界品位的变化特征以及合理边界品位的范围都没有明显变化。大幅变化的是境界利润值和境界大小:在合理边界品位的范围内,前者增加了约 1 倍,后者增大了 23% 左右。

再考察精矿价格下降的情形。图 5-8 为精矿价格为 550 ¥/t、其他参数保持不变时的境界利润随设计和生产边界品位的变化曲线。与精矿价格为 650 ¥/t(图 5-3)相比,虽然各境界的利润值都大幅下降,但境界利润随边界品位的变化趋势却仍然很相似:

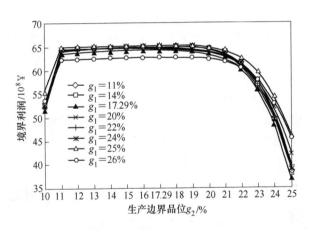

图 5-8 境界利润随设计和生产边界品位的变化曲线(精矿价格 =550 ¥/t)

(1)各条曲线的近水平段仍然较长,即生产边界品位 g_2 的合理取值区间仍较宽,为 [11% , 20% ~21%];其上限比精矿价格为 650 ¥/t 和 750 ¥/t 时略有放宽。

(2)除设计边界品位 g_1 =26% 的那条曲线外,其他曲线在近水平段接近重叠,即设计边界品位的合理取值区间仍然较宽,为 [11% , 25%];其上限比精矿价格为 650 ¥/t 时略有放宽,且 g_1 =

26%的那条曲线与其他曲线之间的距离在近水平段有明显缩小。

　　总之，精矿价格从 650 ￥/t 降低到 550 ￥/t 后，境界利润随边界品位的变化规律以及合理边界品位的范围都没有显著变化。大幅变化的是境界利润值和境界大小：在合理边界品位的范围内，两者都只有精矿价格为 650 ￥/t 时的约 40%。

　　精矿价格的变化自然会引起盈亏平衡品位的变化。应用式（5 - 8）计算，精矿价格为 550 ￥/t、650 ￥/t 和 750 ￥/t（其他参数值不变）时，盈亏平衡品位分别为 17.29%、14.63% 和 12.68%，随精矿价格的上升有较大的下降。然而，从上述分析可知，只要境界是分别按 550 ￥/t、650 ￥/t 和 750 ￥/t 的精矿价格优化的，合理的设计和生产边界品位都有一个较宽的、包含盈亏平衡品位的范围，边界品位在这一范围内变化，对基于同一价格设计的境界的总利润几乎没有影响。这说明：

　　（1）在一定的技术经济参数取值范围内，设计境界时边界品位的选取有一个较宽的合理范围，在这一范围内境界的总利润几乎不受边界品位的影响。

　　（2）一旦境界设计方案已定，生产中可以在一个较宽的合理范围内调整边界品位，而不对总利润产生不可忽视的负面影响。当然，生产中调整了边界品位会对生产剥采比和现金流产生影响，从而影响矿山的动态境界效益（总净现值）。

5.5　技术经济参数出现较大变化而境界不变对总利润的影响

　　在上一节的分析中，精矿价格变化后对境界进行了重新优化，即境界也变化了。现实中的情况常常是：精矿价格（或是其他相关参数）发生了较大变化后，并不对境界作重新评价和设计，仍然按原境界生产。那么，这样做是否会造成总利润上的较大损失呢？通过调整生产边界品位是否能弥补损失？

　　首先考察精矿价格升高而境界不变对总利润的影响。假设在上述算例中，设计时境界是按 650 ￥/t 的精矿价格（其他参数值见表5-1）和 20% 的设计边界品位优化的。（在我国，对于平均品位为 25% ~

30%的铁矿床，设计和生产中采用的边界品位大都为20%～25%。）为表述方便，把这一境界称为**境界－650**。进而假设在生产中精矿价格上升到了750 ¥/t，且会持续很长时间。那么，可以通过比较两个方案的利润来揭示精矿价格升高而境界不变的后果：

（1）保持境界－650不变，按750 ¥/t的精矿价格计算其在不同生产边界品位下的利润，如图5-9中的虚线所示。

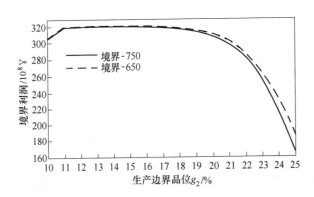

图5-9　按精矿价格750 ¥/t计算的境界－750和境界－650的利润对比

（2）按750 ¥/t的精矿价格（其他参数值不变）重新优化境界（称之为**境界－750**），并按750 ¥/t的精矿价格计算其在不同生产边界品位下的利润，如图5-9中的实线所示。该曲线即为图5-7中g_1＝20%的那条曲线。

两条曲线的对比有点出乎预料。一般而言，当精矿价格升高后，按升高前的低价格优化的境界不再是最佳境界，因为这一境界把在高价位本可以盈利的一部分排除在了境界之外；所以，同样以750 ¥/t的精矿价格计算，境界－650的利润应该明显小于境界－750。然而，图5-9却显示：在合理的生产边界品位范围（11%～18%）内，均以750 ¥/t的精矿价格计算的境界－650和境界－750的利润之间，几乎没有差别。图5-9是设计边界品位g_1＝20%的情形；针对其他g_1值的同样计算表明：对于g_1＝11%～22%的设计边界品位，结果都类似。这表明：就本例中的品位分布和给定的相关参数而言，只要设计边界品位和生产边界品位在合理的范围内，精矿价格从650 ¥/t上升到 750¥/t 后，仍然按精矿价格为 650¥/t 时所优化的境界生产，不影响该矿的总利润。

进一步计算揭示出产生这种不太符合预期的结果的原因：虽然境界 –750 比境界 –650 扩大了不少（矿岩总量增加了 23%），但增加的精矿量所带来的销售收入的增加，恰好被增加的矿岩量所带来的采、选、剥成本的增加所抵消。这种情形应该是一个特例。为证明这一点，我们把精矿价格进一步提升到 850¥/t，重新优化境界得出**境界 –850**；再以 850¥/t 的精矿价格计算境界 –650 和境界 –850 的利润进行比较。发现在上述合理边界品位范围内，保持境界 –650 不变造成的境界总利润损失约为 3%，不再是一个可忽略的差别，但利润损失的幅度远小于价格上升的幅度（后者为 31%）。而且在现实中，在精矿价格比设计时上升时，原境界的一部分已经被开采，利润的损失计算应只针对原境界的剩余部分而不是整个境界，所以实际生产中发生同样情况的利润损失要低于上述计算结果。

总之，就本例中的品位分布和给定的技术经济参数而言，矿产品的价格上升后仍然按价格上升前的最优境界开采，在一定的价格上升幅度内，不会造成总利润的损失；矿产品价格的上升幅度超过一定水平时（本例中约为 30%），这种损失开始显现，但损失的幅度并不很高。因此，当矿产品价格的上升幅度不是特别高时，可以按原设计境界继续生产，但要把边界品位控制在合理区间之内。

当然，对于不同的矿床（不同的品位统计分布和空间分布），以及对于不同的其他技术经济参数（如不同的采矿、选矿和剥离成本），造成较显著的利润降低的价格上升幅度也会不同。不过，矿产品价格的上升无论如何都不会给矿山企业带来风险，只能带来获得更高利润的机遇。若说是"风险"，也只是可能错过赚取更多利润的机会；而且，如果高价位持续下去还有补救的可能，因为总可以重新设计境界，把排除在低价位境界之外而在高价位可以获利的部分补回来。当然，这样做推迟了赚取高利润的时间，对总净现值有影响。

下面来考察精矿价格降低而境界不变对总利润的影响。假设在上述算例中，境界是按 650¥/t 的精矿价格和 20% 的设计边界品位优化的，这一境界即为上述境界 –650。进而假设在生产中精矿价格下降到了 550 ¥/t，且会持续很长时间。同样可以通过比较两个方案的利润来揭示精矿价格降低而境界不变的后果：

（1）保持境界 –650 不变，按 550 ¥/t 的精矿价格计算其在不同生产边界品位下的利润，如图 5-10 中的虚线所示。

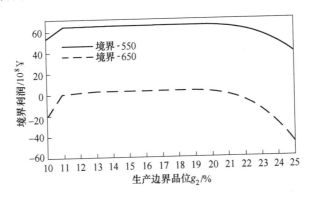

图 5-10　按精矿价格 550 ¥/t 计算的境界 –550 和境界 –650 的利润对比

（2）按 550 ¥/t 的精矿价格（其他参数值不变）重新优化境界，称之为境界 –550，并按 550 ¥/t 的精矿价格计算其在不同生产边界品位下的利润，如图 5-10 中的实线所示。该曲线即为图 5-8 中 $g_1 =$ 20% 的那条曲线。

可以看出，精矿价格下降到 550 ¥/t，如果仍然按精矿价格为 650 ¥/t 时设计的境界开采，整个境界的利润下降到几乎为 0 或负值；盈利都难，达到设计时的预期收益率是不可能的。除非精矿价格的显著下降出现在矿山开采末期，境界不变所造成的后果都是严重的，而且调整生产边界品位也无济于事。这也说明，当确认市场价格会下行并会持续较长的时间时，要及时重新按较低价格优化境界和调整采剥计划，尽量避免重大损失。

因此，矿产品价格的下降会给矿山企业带来巨大风险，而且下降的幅度并不需要很大（本例中的下降幅度为 15%）。因此，设计一个矿山时，对未来矿产品价格的预测十分重要。不过，较准确地预测矿产品价格是一件很困难的事。规避重大风险的一种做法是在设计中采用较为保守的矿产品价格，因为从上面对于价格上升的情形的分析可知，以较低的价格进行设计，即使价格有了较大的上升，总利润的下降也是有限的，而且有补救的机会。

要最大限度地降低由矿产品价格的变化带来的风险，最科学的做法是采用分期开采方式，并在设计时就分若干期设计出分期境界。由于分期境界只是过渡性的临时境界，开采时间较短，即使在一个分期期间矿产品的价格变化了，对整体经济效益的影响也大大降低。分期开采对于降低投资风险的最大作用体现在：在一个分期的开采将要结束，准备向下一分期境界扩帮过渡时，可以依据生产中积累的更符合实际的技术经济参数以及对相关参数的未来走向的最新预测，来优化更新后续分期境界和合理边界品位。这种滚动式的分期优化和开采，大大降低了技术经济环境的变化对整体经济效益的不利影响。露天矿分期境界的优化详见本书第9章。

以上是针对矿产品价格的变化所做的分析。针对成本和其他相关参数可能发生的变化，也可做类似的分析。如此分析的结果，对于矿山生产中的一些重要决策——是否到了考虑重新设计境界的时候，所使用的边界品位是否仍然在合理区间以及是否应该调整和如何调整等——具有重要价值。

5.6 小结

使总利润最大的边界品位是盈亏平衡品位。本章针对露天境界设计和生产特点，推导出较为实用的盈亏平衡品位的计算公式。通过案例分析，研究了在不同条件下境界及其总利润随边界品位的变化特征。案例分析表明：

（1）在设计和生产中，边界品位不一定要等于盈亏平衡品位。对于给定的矿床和相关技术经济参数，边界品位的选取可能有较大的伸缩性，即边界品位在一个较大的范围内变化，对总利润几乎没有影响。这一范围可视为边界品位的合理区间。就本章中的案例而言，境界的设计边界品位的合理区间为 [11%，24% ~25%]，生产边界品位的合理区间为 [11%，18% ~21%]。

（2）对于给定的矿床，边界品位的合理区间对于技术经济参数的敏感度不高。本章在其他参数保持不变的条件下，试算了 550 ¥/t、

650 ¥/t 和 750 ¥/t 三个不同精矿价格的边界品位的合理区间，结果是：设计和生产边界品位的合理区只有 1~2 个百分点的变化。

（3）当矿产品价格比设计时所用价格上升的幅度不是很大（对于本章算例，不大于 30%）时，仍然采用原境界不会对总利润造成显著的负面影响。但是，如果矿产品价格比设计时下降了，即使下降幅度不大，仍然按原境界开采下去可能使总利润大幅下降，甚至造成亏损。在这种情况下，调整生产边界品位也无济于事。

本章关于边界品位的合理区间及其随矿产品价格的变化的结论，是针对给定矿床和一组技术经济参数作出的。不同的矿床具有不同的品位统计分布和空间分布，相关技术经济参数（如采矿、选矿和剥离成本、精矿品位、选矿金属回收率等）也会不同，得出的结论就会有差别，需要具体问题具体分析。可以肯定的是，本章的分析方法可以为矿山设计和生产中相关问题的决策，诸如：边界品位如何选取，需要调整边界品位时调整的幅度不超过什么限度才不会造成明显的损失，技术经济条件的变化是否到了该重新设计境界的程度，保持境界不变会造成什么后果等，提供科学的决策支持。因此，本章的价值也许在于提供了一种分析思路。

6 全境界开采的生产计划优化理论与模型

全境界开采是相对分期开采而言，指在最终境界中不再划分出若干个分期境界，各台阶在开采过程中都一直推进到最终境界。我国的金属露天矿都采用全境界开采。虽然有的矿山经过了几次境界设计，也称之为"第 x 期境界"，但每次设计都是在原设计境界接近采完时，由于在当时的技术经济条件下仍然有一定的经济储量，而进行的一次最终境界扩展，并不是在一开始就确定了分期数并设计出各分期境界，进而以分期开采方式进行采剥计划编制和项目的经济评价。所以，我国的一些矿山即使是经过了多次境界设计，在概念和计划编制方法上并不属于分期开采。

本章针对全境界开采，研究生产计划的优化问题。这里的生产计划包括三个要素：生产能力、开采顺序和开采寿命。生产计划优化就是确定这三要素的最佳选择，即每年开采多少矿石、剥离多少岩石最好（最佳生产能力），采、剥什么区段最好（最佳开采顺序），用多长时间将境界采完最好（最佳开采寿命）。优化中"最好"的标准是总净现值最大。本章介绍能够同时优化这三要素的理论和模型。

6.1 相关概念与定义

确定了最终境界后，露天开采是一个从现状地表地形开始，逐台阶在水平面上推进、扩展，在垂直方向上延深，最后到达最终境界的过程。图 6-1 为开采若干年后在一个垂直横剖面上的采场示意图。图中，上部几个台阶已经开采完毕，即已经推进到最终境界，也称为"已靠帮"。处在开采中的那些台阶为工作台阶，它们组成工作帮。由于采装和运输作业需要一定的空间，各工作台阶在水平方向上的推进必须保持一定的超前关系，为每个工作台阶留有足够的工作平盘宽度 b。刚好满足采运设备以正常效率作业的工作平盘宽度为**最小工作**

平盘宽度。台阶状的工作帮在剖面上可以简化为斜线，称为**工作帮坡线**，它与水平面的夹角 α 即**工作帮坡角**。对应于最小工作平盘宽度的工作帮坡角是最大工作帮坡角。当各个工作台阶均向外推进了一个工作平盘宽度 b，并在采场底部完成掘沟后，整个工作帮就向下移动一个台阶高度，工作帮坡线也从实线所示位置下降到点划线所示位置。在三维空间，工作帮坡线是工作帮坡面。为叙述方便，以下用"工作帮"一词表示剖面上的工作帮坡线和三维空间的工作帮坡面。

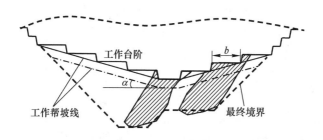

图 6-1 剖面上露天矿工作台阶与工作帮坡线示意图

在给定境界内编制生产计划，就是在相邻工作台阶之间的超前距离不小于最小工作平盘宽度的条件下，确定每年末各工作台阶应该推进到的位置。因为一旦确定了每年末各工作台阶的位置，也就确定了每年开采的矿石量、剥离的废石量以及采矿和剥岩的区段，开采寿命也随之而定。由于工作台阶组成了工作帮，所以编制生产计划也可以表述为确定每年末工作帮应该推进到的位置。显然，对于任意一年，其年末工作帮可以推进到许许多多（理论上是无穷多）不同的位置，不同的位置代表了不同的采剥量和开采顺序，可获得的总净现值也不同。寻求使总净现值最大的每年末的工作帮的最佳位置，是本章生产计划优化的基本思路，也是需要解决的核心问题。

定义 1 从开采开始（时间 0 点）到某一年结束，开采作业形成的开挖体称为**开采体**，它是该年末的采场。在几何上，开采体是由工作帮、已靠帮台阶处的最终帮和现状地表围成的形体，工作帮的倾角不得大于最大工作帮坡角。开采体的大小以其矿岩总量 T 表示。当开采体 P_i 的矿岩总量 T_i 大于境界 P_j 的矿岩总量 T_j 时，就说 P_i 大于

P_j，记为 $P_i > P_j$。

以开采体的概念表述，露天开采就是一个开采体不断扩大，直到成为最终境界的过程。上述生产计划优化问题就可表述为：寻求每年末应推进到的最佳开采体，以使总净现值最大。

定义2　如果开采体 P_i 的矿岩总量 T_i 和矿石量 Q_i 分别是开采体 P_j 的矿岩总量 T_j 和矿石量 Q_j 的一部分，那么，就说 P_i **嵌套**在 P_j 之中。从几何意义上讲，P_i 嵌套在 P_j 之中意味着构成 P_i 的三维几何体是构成 P_j 的三维几何体的一个子体。显然，如果 P_i 嵌套在 P_j 之中，一定有 $P_i < P_j$；但 $P_i < P_j$ 并不一定意味着 P_i 嵌套在 P_j 之中。

定义3　一个**开采体序列**是由一组大小不同的开采体从小到大排序组成的开采体集合，即 $\{P_1, P_2, \cdots, P_N\}$，简记为 $\{P\}_N$；N 是序列中开采体的个数。显然有 $P_1 < P_2 < \cdots < P_N$。

定义4　如果开采体序列 $\{P\}_N$ 中除最大开采体之外的每一个开采体 $P_i (i = 1, 2, \cdots, N-1)$ 均嵌套在比它大的所有开采体中，那么就说 $\{P\}_N$ 是一个**完全嵌套**的开采体序列。

定义5　如果一个开采体序列 $\{P\}_n$ 中的每一个开采体 $P_i (i = 1, 2, \cdots, n)$ 同时存在于另一个开采体序列 $\{P\}_N$ 中 $(n \leq N)$，那么 $\{P\}_n$ 是 $\{P\}_N$ 的一个**子序列**。子序列 $\{P\}_n$ 中的开采体不一定由其母序列 $\{P\}_N$ 中的彼此相邻的一部分开采体组成，如 $\{P_1, P_2, P_3\}$ 和 $\{P_1, P_3, P_5\}$ 都是 $\{P_1, P_2, P_3, P_4, P_5, P_6\}$ 的子序列。

定义6　如果一个开采体序列 $\{P\}_m$ 中的每一个开采体 P_i 对应于第 i 个年末的采场 $(i = 1, 2, \cdots, m)$，且序列中的最后一个开采体 P_m 为最终境界，那么开采体序列 $\{P\}_m$ 就构成一个计划方案，或者说 $\{P\}_m$ 是露天矿生产计划问题的一个**解序列**。使总净现值最大的解序列称为**最优解序列**。显然，这一计划方案的矿床开采寿命为 m 年。

一个开采体序列 $\{P\}_m$ 能够构成一个计划方案的充要条件是 $\{P\}_m$ 为完全嵌套序列。因为当 $j > i$ 时，第 j 年末的采场是由第 i 年末的采场通过 $j-i$ 年的开采形成的，故第 i 年末的采场一定嵌套在第 j 年末的采场之中。

依据以上定义，优化生产计划就是找出开采体的最优解序列。问题是，境界内有无穷多的开采体，从中找出最优解序列是不可能的。

不过，我们并不需要考虑所有开采体。以第一年为例，假设其采剥总量已经定为 T，那么有无穷多个大小为 T 的开采体可以作为该年末的采场。图 6-2 中画出了其中的两个。即使不作任何经济评价，大多数矿山设计者也会想到：既然决定采出 T，选取所有大小为 T 的开采体中含金属量最大者，应该是经济上最好的。在图 6-2 所示的两个大小均为 T 的开采体中，选择实线表示的开采体 j 比虚线表示的开采体 i 好。一般地，若考虑从开始（时间 0 点）到第 t 年末累计开采的矿岩量为 X，无论 X 为多少，在所有大小为 X 的开采体中，选择含金属量最大者作为 t 年末的采场，应该是最好的选择。这就引出如下定义。

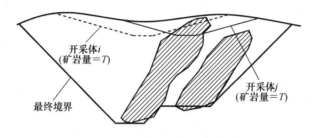

图 6-2　两个大小相同的不同开采体示意图

定义 7　如果在所有总量为 T、矿量为 Q 的开采体集合 $\{P(T, Q)\}$ 中，某个开采体的矿石中含有的金属量最大，这个开采体称为对于总量 T 和矿量 Q 的**地质最优开采体**，记为 $P^*(T, Q)$。开采体 $P(T, Q)$ 和与之对应的地质最优开采体 $P^*(T, Q)$ 含有的金属量分别记为 $M(T, Q)$ 和 $M^*(T, Q)$。为方便起见，把 $P(T, Q)$、$M(T, Q)$、$P^*(T, Q)$ 和 $M^*(T, Q)$ 分别简记为 P、M、P^* 和 M^*。显然，对于给定的 T 和 Q，有 $M^* \geq M$。

6.2　优化定理

依据以上讨论和定义，我们可以把优化生产计划的寻优空间从所有开采体缩小到地质最优开采体，即只从地质最优开采体集合中找出最优解序列。问题是：只考虑地质最优开采体而舍弃其他开采体是否会遗漏最优计划方案呢？换言之，地质最优开采体集合是否一定包含了最优解序列呢？下面的定理回答了这一问题。

假设 1   对所开采的矿产品来说，市场具有完全竞争性，即一个矿山生产的矿产品量不会影响该矿产品的市场价格。为叙述方便，以下假设矿山的最终产品为精矿。

假设 2   在矿床范围内，开采体的位置和形状对总成本（即开采完该开采体内的矿岩花费的总投资和采、剥与选矿成本）的影响，相对于开采体中矿岩量对总成本的影响来说很微小，可以忽略不计。换言之，成本只取决于开采的矿量和岩量。

假设 3   所开采的矿产品市场是正常经济时期的相对稳定市场，真实价格上升率（除去通货膨胀的上升率）不高于可比价格条件下的最小可接受的投资收益率，后者是净现值计算中的折现率。

假设 4   矿石回采率和贫化率、选矿金属回收率及精矿品位在整个境界的开采过程中变化很小，可以认为是常数。

定理   令 $\{P^*\}_N$ 为给定境界 V 的地质最优开采体序列，其最后一个（最大的）开采体为境界 V。如果 $\{P^*\}_N$ 是完全嵌套序列且相邻开采体之间的增量足够小，那么在满足以上假设的条件下，使开采整个境界获得最大净现值的最优计划方案（即最优解序列），必然是 $\{P^*\}_N$ 的一个以境界为最后一个开采体的子序列。

证明   令 $\{P\}_m$ 是任意一个能够构成给定境界的计划方案的开采体序列（即任意一个解序列），这一方案记为 L。根据定义 6，$\{P\}_m$ 中的第 t 个开采体对应于计划方案 L 在第 t 年末形成的采场（最后一个开采体即境界 V），且方案 L 的开采寿命为 m 年。令 T_t、Q_t 和 M_t 分别表示 $\{P\}_m$ 中开采体 $P_t(t=1,2,\cdots,m)$ 含有的原地矿岩量、矿石量以及矿石中的金属量。从理论上讲，对于任意给定的矿岩量 T 和矿量 Q，都可以找到一个地质最优开采体。因此，对于序列 $\{P\}_m$ 中的每一个开采体 P_t，都相应地存在一个地质最优开采体 P_t^* $(t=1,2,\cdots,m)$。由于定理中地质最优开采体序列 $\{P^*\}_N$ 里相邻开采体之间的增量足够小（理论上是无穷小），所以 $\{P^*\}_N$ 包含了境界 V 的全部地质最优开采体。因此，与 P_t 相对应的 P_t^* 必然存在于 $\{P^*\}_N$ 之中。也就是说，对于境界 V 的任一计划方案 L 所对应的开

采体序列 $\{P\}_m$，$\{P^*\}_N$ 中存在一个相应的子序列 $\{P^*\}_m$。由于 $\{P^*\}_N$ 是完全嵌套序列，其子序列 $\{P^*\}_m$ 也是完全嵌套的。因此，$\{P^*\}_m$ 构成了境界 V 的另一个计划方案（即解序列），记为 L^*，其开采寿命也为 m 年。

为了表述方便，对于 $t = 1, 2, \cdots, m$ 定义以下符号：

D_t：采用方案为 L 时，第 t 年的精矿价格；

D_t^*：采用方案为 L^* 时，第 t 年的精矿价格；

C_t：采用方案为 L 时，第 t 年的投资；

C_t^*：采用方案为 L^* 时，第 t 年的投资；

R_t：采用方案为 L 时，第 t 年的总运营成本（包括采矿、剥离和选矿成本）；

R_t^*：采用方案 L^* 时，第 t 年的总运营成本（包括采矿、剥离和选矿成本）；

NPV_t：按方案 L 开采时，在第 t 年末实现的累积净现值；

NPV_t^*：按方案 L^* 开采时，在第 t 年末实现的累积净现值；

d：可比价格折现率；

g_p：精矿品位，依据假设 4，g_p 为常数。

不失一般性，设每年所有的销售收入、投资和生产成本均发生在年末；为简化算式，假设矿石的损失、贫化率为零，采选综合金属回收率为 100%。如果能够证明方案 L^* 的总净现值大于或至少等于方案 L 的总净现值，即 $NPV_m^* \geqslant NPV_m$，定理就得证。

第一年末（$t = 1$）：按方案 L 和 L^* 开采形成的采场分别为开采体 P_1 和 P_1^*。通过一年的开采，两个方案实现的净现值为：

方案 L：
$$NPV_1 = \frac{\dfrac{M_1}{g_p}D_1 - C_1 - R_1}{1 + d} \tag{6-1}$$

方案 L^*：
$$NPV_1^* = \frac{\dfrac{M_1^*}{g_p}D_1^* - C_1^* - R_1^*}{1 + d} \tag{6-2}$$

由假设 1 可知：
$$D_1^* = D_1 \tag{6-3}$$

由于 P_1^* 是 P_1 所对应的地质最优开采体，由地质最优开采体的定义（定义7）可知，两者的矿岩量和矿量相等，均为 T_1 和 Q_1。也就是说，两个方案在第一年内采出的矿岩量和矿量均为 T_1 和 Q_1，故由假设2可知：

$$C_1^* = C_1 \tag{6-4}$$

$$R_1^* = R_1 \tag{6-5}$$

将式（6-1）从式（6-2）中减去，并将式（6-3）~（6-5）代入，得：

$$NPV_1^* - NPV_1 = \frac{(M_1^* - M_1)D_1}{g_p(1+d)} \tag{6-6}$$

由地质最优开采体的定义，有：

$$M_1^* \geqslant M_1 \tag{6-7}$$

所以 $NPV_1^* - NPV_1 \geqslant 0$，或

$$NPV_1^* \geqslant NPV_1 \tag{6-8}$$

第二年末（$t=2$）：按方案 L 和方案 L^* 开采形成的采场分别为开采体 P_2 和 P_2^*。通过两年的开采，两方案实现的累积净现值为：

方案 L：
$$NPV_2 = NPV_1 + \frac{\frac{M_2 - M_1}{g_p}D_2 - C_2 - R_2}{(1+d)^2} \tag{6-9}$$

方案 L^*：
$$NPV_2^* = NPV_1^* + \frac{\frac{M_2^* - M_1^*}{g_p}D_2^* - C_2^* - R_2^*}{(1+d)^2} \tag{6-10}$$

式中，（$M_2 - M_1$）和（$M_2^* - M_1^*$）分别为两个方案在第二年内采出的金属量。

由假设1可得：

$$D_2^* = D_2 \tag{6-11}$$

两个方案在第二年内开采的矿岩量和矿石量均分别为 $T_2 - T_1$ 和 $Q_2 - Q_1$，故由假设2可得：

$$C_2^* = C_2 \tag{6-12}$$

$$R_2^* = R_2 \tag{6-13}$$

令式（6-10）减去式（6-9），并将式（6-11）~式（6-13）和

式 (6-6) 代入，得：

$$NPV_2^* - NPV_2 = \frac{M_1^* - M_1}{g_p(1+d)}\left(D_1 - \frac{D_2}{1+d}\right) + \frac{M_2^* - M_2}{g_p(1+d)^2}D_2 \qquad (6\text{-}14)$$

由假设 3 可知，可比价格上涨率不高于可比价格折现率，所以：

$$D_1 - \frac{D_2}{1+d} \geqslant 0 \qquad (6\text{-}15)$$

由地质最优开采体定义可知：

$$M_1^* \geqslant M_1 \qquad (6\text{-}16)$$

$$M_2^* \geqslant M_2 \qquad (6\text{-}17)$$

因此有 $NPV_2^* - NPV_2 \geqslant 0$，或

$$NPV_2^* \geqslant NPV_2 \qquad (6\text{-}18)$$

在年 m 末（即两方案的开采寿命末）：按方案 L 和方案 L^* 开采形成的开采体分别为 P_m 和 P_m^*，它们也都是最终境界。按照前面对头两年的分析逻辑，两个方案可实现的总净现值之差为：

$$NPV_m^* - NPV_m = \sum_{t=1}^{m-1}\left[\frac{M_t^* - M_t}{g_p(1+d)^t}\left(D_t - \frac{D_{t+1}}{1+d}\right)\right] +$$

$$\frac{M_m^* - M_m}{g_p(1+d)^m}D_m \qquad (6\text{-}19)$$

从假设 3 可得：

$$D_t - \frac{D_{t+1}}{1+d} \geqslant 0 \text{ 对于 } t = 1,2,\cdots,m-1 \qquad (6\text{-}20)$$

由定义 7 可知：

$$M_t^* \geqslant M_t \text{ 对于 } t = 1,2,\cdots,m \qquad (6\text{-}21)$$

因此有 $NPV_m^* - NPV_m \geqslant 0$，或

$$NPV_m^* \geqslant NPV_m \qquad (6\text{-}22)$$

因此，对于任意一个计划方案 L，都存在一个更好的（至少是同等好的）计划方案 L^*，而方案 L^* 是地质最优开采体序列 $\{P^*\}_N$ 的一个子序列。由于方案 L 的任意性，可得出结论：使总净现值最大的最优计划方案必然是地质最优开采体序列 $\{P^*\}_N$ 中的一个子序列。

定理得证。

6.3　优化模型

依据上述优化定理，假设得到了符合定理要求的地质最优开采体序列 $\{P^*\}_N$，那么生产计划的优化问题就变成了一个在序列 $\{P^*\}_N$ 中寻求最优子序列 $\{P^*\}_m$（$m \leq N$）的问题。在序列 $\{P^*\}_N$ 中寻求最优子序列 $\{P^*\}_m$，就是为生产计划的每一年 t（$t = 1, 2, \cdots, m$）在 $\{P^*\}_N$ 中找到一个最佳的地质最优开采体，作为开采到该年末的采场，以使总净现值最大。找到了这样一个最优子序列，子序列中的开采体个数 m 即为矿山的最佳开采寿命；子序列中的第 t（$t = 1, 2, \cdots, m$）个开采体就是第 t 年末采场应推进到的最佳位置和形态；子序列中第 1 个开采体的矿石量和废石量是第 1 年的最佳采、剥生产能力，第 t 个和第 $t-1$ 个开采体之间的矿石量和废石量是第 t 年的最佳采、剥生产能力。可见，在地质最优开采体序列 $\{P^*\}_N$ 中找到了最优子序列，就同时得到了生产计划三要素——开采寿命、开采顺序和生产能力——的最优解。

例如，假设我们得到的符合定理要求的地质最优开采体序列如图 6-3 所示，该序列为

$$\{P^*\}_8 = \{P_1^*, P_2^*, P_3^*, P_4^*, P_5^*, P_6^*, P_7^*, P_8^*\}$$

其中，P_8^* 为最终境界 V。必须清楚的是，图中的每个开采体指的是在境界之内其工作帮以上直到地表的区域，不是工作帮之间的区域；最大的开采体是整个境界。$\{P^*\}_8$ 的子序列 $\{P^*\}_4 = \{P_2^*, P_4^*, P_6^*, P_8^*\}$ 构成一个可能的计划方案，子序列 $\{P^*\}_5 = \{P_2^*, P_3^*, P_4^*, P_6^*, P_8^*\}$ 构成另一个可能的计划方案；还有许多其他以最终境界结尾的子

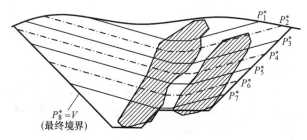

图 6-3　境界内地质最优开采体序列示意图

序列都可构成可能的计划方案。不同的子序列代表了不同的开采顺序和生产能力（至少有一年是不同的），开采寿命也可能不同，可获得的总 NPV 自然不同。从所有构成计划方案的子序列中找出总 NPV 最大者，就得到了最优计划方案。

子序列的寻优采用地质最优开采体排序模型，图 6-4 为这一模型的图示。图中的横轴表示时间（年），竖轴表示每年末的可能采场状态，即地质最优开采体。每个圆圈代表一个开采体，圆圈的相对大小代表开采体的相对大小。每一条箭线表示相邻两年之间的一个可能的采场状态转移，例如，从原点 0 到第 1 年的 P_2^* 的那条箭线表示：P_2^* 是第 1 年末可能到达的一个采场状态（即第一年可以考虑开采 P_2^* 里的矿岩）；从第 1 年的 P_2^* 到第 2 年的 P_4^* 的那条箭线表示：如果第 1 年末开采到 P_2^*，那么第 2 年末可能到达的一个采场状态为 P_4^*（即第 2 年可以考虑开采 P_2^* 与 P_4^* 之间的矿岩）；余者类推。由于开采过程是采场逐年扩大/延深的过程，所以从年 t 的某个状态向下一年 $(t+1)$ 转移时，只能转到更大的一个开采体。因此，图 6-4 中所有

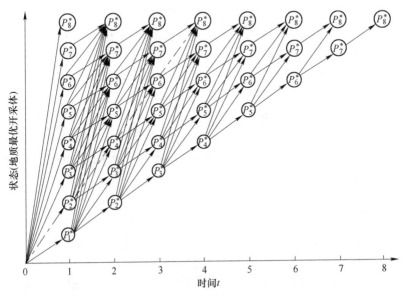

图6-4 地质最优开采体排序模型图示

箭线均指向右上方，且图的右下部分为空。

图 6-4 中的任何一条从 0 开始沿着一定的箭线到达最上一行某个状态（即最终境界 P_8^*）的路径，都是一个可能的计划方案，称之为**计划路径**。一个计划路径上的开采体组成 $\{P^*\}_8$ 的一个子序列。例如，图中点画箭线所示的计划路径 $0 \to P_2^* \to P_4^* \to P_6^* \to P_8^*$ 上的开采体组成的子序列为 $\{P^*\}_4 = \{P_2^*, P_4^*, P_6^*, P_8^*\}$。对所有计划路径进行经济评价，得出其总 NPV，就可得到最佳计划路径，即最优计划方案。

求解最佳计划路径有两种方法：动态规划法和枚举法。应用动态规划法必须满足"无后效应"条件。对于本问题而言，如果经济评价中使用的所有运营成本都能以单位运营成本计算；投资假设为常数（即与路径无关），或分摊到单位作业量而加入到单位运营成本，或干脆不考虑投资，那么就满足了无后效应的要求，可以用动态规划模型求解。然而，这样处理成本与实际情况相差较大，尤其是基建投资。例如，假设矿山的矿石全部由自己的选厂处理，且不设储矿场，那么选厂的处理能力就必须按生产计划中最高年矿石开采量设计，选厂的建设投资也按此计算；在计划中年矿石开采量较低的年份，选厂吃不饱，还应考虑选厂闲置能力的闲置成本；不同计划路径的选厂投资和闲置成本很可能不同，所以选厂投资和闲置成本会影响最优计划路径的选择。以这样的方式计算选厂基建投资和闲置成本，就不符合无后效应要求。动态规划法最大的优势是求解速度快。

枚举法就是对计划路径进行逐条评价和比较，对经济计算没有任何附加条件，可以采用最接近实际情况的成本和收入计算方式，这是其最大优点。不过枚举法的求解速度要慢得多。以下两节分别给出地质最优开采体排序的动态规划模型和枚举模型。

6.4 动态规划模型

建立动态规划模型，首先要确定阶段变量和状态变量。对于本问题，阶段变量为图 6-4 横轴上的时间，每一阶段为 1 年；状态变量为竖轴上的地质最优开采体。不失一般性，设矿山企业有自己的选厂，出售的产品为精矿。为表述方便，定义以下符号：

D_t：第 t 年的精矿价格，可以是常数，也可以随时间变化；

c_m：矿石的单位开采成本；

c_w：废石的单位剥离和排弃成本；

c_p：选厂的单位选矿成本，即处理 1 吨入选矿石的成本；

r_p：选厂的金属回收率；

g_p：精矿品位；

d：可比价格折现率。

Q_i^*：考虑了开采中矿石回采率、废石混入率和混入废石的品位后，地质最优开采体序列 $\{P^*\}_N$ 中第 i 个开采体 P_i^* 的矿石量，即 P_i^* 的采出矿石量；

W_i^*：考虑了开采中矿石回采率和废石混入率后，地质最优开采体序列 $\{P^*\}_N$ 中第 i 个开采体 P_i^* 的废石量，即 P_i^* 的采出废石量；

M_i^*：Q_i^* 中含有的金属量；

$NPV_{t,i}$：沿最佳路径到达阶段 t 上的开采体 P_i^* 的累积净现值。

一般地，考虑阶段 t 上的开采体（即状态）P_i^*，它可以从前一阶段 $t-1$ 上比 P_i^* 小的那些开采体转移而来（参见图6-4）。当阶段 t 上的 P_i^* 是从阶段 $t-1$ 上的开采体 P_j^* $(t-1 \leqslant j \leqslant i-1)$ 转移而来时，第 t 阶段（即第 t 年）采出的矿石量记为 $q_{t,i}(t-1,j)$，其中的金属量记为 $m_{t,i}(t-1,j)$，剥离的废石量记为 $w_{t,i}(t-1,j)$，其计算式为：

$$q_{t,i}(t-1,j) = Q_i^* - Q_j^* \tag{6-23}$$

$$m_{t,i}(t-1,j) = M_i^* - M_j^* \tag{6-24}$$

$$w_{t,i}(t-1,j) = W_i^* - W_j^* \tag{6-25}$$

这三个算式即为动态规划的状态转移方程。

$m_{t,i}(t-1,j)$ 是第 t 年送入选厂的金属量，对应于这一状态转移的该年的精矿产量为 $m_{t,i}(t-1,j)r_p/g_p$。通过这一状态转移，第 t 年实现的利润 $p_{t,i}(t-1,j)$ 为

$$p_{t,i}(t-1,j) = \frac{m_{t,i}(t-1,j)r_p}{g_p}D_t - q_{t,i}(t-1,j)(c_m+c_p) - $$
$$w_{t,i}(t-1,j)c_w \tag{6-26}$$

　　这样，当阶段 t 上的 P_i^* 是从阶段 $t-1$ 上的 P_j^* 转移而来时，经过 t 个阶段（t 年）的生产，在 t 年末实现的累积净现值 $NPV_{t,i}(t-1,j)$ 为

$$NPV_{t,i}(t-1,j) = NPV_{t-1,j} + \frac{p_{t,i}(t-1,j)}{(1+d)^t}，即$$

$$NPV_{t,i}(t-1,j)$$

$$= NPV_{t-1,j} + \frac{\dfrac{m_{t,i}(t-1,j)r_p}{g_p}D_t - q_{t,i}(t-1,j)(c_m+c_p) - w_{t,i}(t-1,j)c_w}{(1+d)^t}$$

$$(6-27)$$

式中，$NPV_{t-1,j}$ 为沿最佳路径到达前一阶段 $t-1$ 上的开采体 P_j^* 的累积净现值，在评价前一阶段的各状态时已经计算过，是已知的。

　　从图 6-4 可知，阶段 t 上的开采体 P_i^* 可以从前一阶段 $t-1$ 上的多个开采体转移而来，不同的转移导致第 t 年采出的矿量、金属量和剥离的废石量不同（式（6-23）～式（6-25））；实现的当年利润不同（式（6-26））；由式（6-27）计算的阶段 t 上开采体 P_i^* 处的累积 NPV 也不同；具有最大累积 NPV 的那个状态转移是最佳状态转移（即动态规划中的最优决策）。因此，有如下递归目标函数：

$$NPV_{t,i} = \max_{j \in [t-1, i-1]} \{NPV_{t,i}(t-1,j)\} = \max_{j \in [t-1, i-1]} \Bigg\{ NPV_{t-1,j} +$$

$$\frac{\dfrac{m_{t,i}(t-1,j)r_p}{g_p}D_t - q_{t,i}(t-1,j)(c_m+c_p) - w_{t,i}(t-1,j)c_w}{(1+d)^t} \Bigg\}$$

$$(6-28)$$

时间 0（初始状态）处的起始条件为：

$$\begin{cases} M_0^* = 0 \\ Q_0^* = 0 \\ W_0^* = 0 \\ NPV_{0,0} = 0 \end{cases} \quad (6-29)$$

　　运用以上各式，从阶段 1 开始，逐阶段评价每个阶段上的所有状态（开采体），直到图 6-4 中所有阶段上的所有状态被评价完毕，就

得到了所有阶段上的所有开采体处的最佳状态转移和累积 NPV。然后，在对应于最终境界的最大开采体（即图 6-4 中最上一行）中找出累积 NPV 最大者，这一境界所在的阶段即为最佳开采寿命。从这一最终境界开始，逆向追踪最佳状态转移，直到第一阶段，就得到了最优计划路径，在动态规划中称为最优策略。这一最优计划路径上的开采体是序列 $\{P^*\}_N$ 的一个子序列，亦即最优解序列。这是一个开端的顺序规划模型。

6.5 枚举模型

把图 6-4 中的任意一条计划路径记为 L，它是从时间 0 点到达位于某年 F 的最终境界（序列 $\{P^*\}_N$ 中的最大开采体）的一个开采体子序列。路径 L 的时间跨度为 F 年（$F \leqslant N$），是它所代表的生产计划的开采寿命。令 $k(t)$ 表示该计划路径上第 t 年的开采体在序列 $\{P^*\}_N$ 中的序号（$t \leqslant k(t) \leqslant N; t = 1, 2, \cdots, F; k(F) = N$），也就是说，该路径上第 1 年的开采体为 $P^*_{k(1)}$，第 2 年的开采体为 $P^*_{k(2)}$，……，最后一年 F 的开采体为 $P^*_{k(F)}$（即最终境界 P^*_N）。

假设所研究矿山企业的最终产品为精矿。为表述方便，定义以下符号：

q_t：计划路径 L 上第 t 年开采的矿石量；

m_t：q_t 含有的金属量；

w_t：计划路径 L 上第 t 年剥离的废石量；

$I_p(q_{max})$：选厂的基建投资函数（已折现到时间 0 点），这里假设矿山不设储矿设施，选厂的处理能力按计划路径 L 上的最大年采出矿量 q_{max} 设计，其基建投资是 q_{max} 的函数；

$U(q_t, q_{max})$：选厂能力闲置成本函数，当某年 t 年的采出矿石量 q_t 小于选厂处理能力 q_{max}，致使选厂有较大的剩余能力时，该年的选厂能力闲置成本为正值，否则为 0；

$I(T)$：除选厂和采剥设备外，其他基建项目的投资函数（已折现到时间 0 点），这些投资是生产规模 T 的函数，生产规模视具体情况可能是计划路径的最大年采剥量、整个开采寿命期的平均年采剥量或头几年的平均年采剥量；

p_t：计划路径 L 上第 t 年实现的利润；

NPV_L：从 0 点沿计划路径 L 到达其终点（F 年末）实现的总净现值。

采矿和剥岩设备（主要是运输、铲装和穿孔设备）的投资更为复杂，并不是在投产之前一次性购置，一直使用到开采结束，而是在开采过程中根据满足生产能力的需要和更新旧设备的需要来购置。对于开采寿命较长的矿山，购置新设备的投资会在不同年份多次发生。在本模型中做简化处理：假设采剥设备的投资以折旧成本分摊到了每吨矿和岩，包含于相应的单位成本中。各单位成本的符号及其他符号的定义同上一节。

计划路径 L 上第 t 年的开采体为序列 $\{P^*\}_N$ 中的 $P^*_{k(t)}$，$t-1$ 年的开采体为 $P^*_{k(t-1)}$，该年采出的矿石量、矿石中的金属量和剥离的废石量为

$$q_t = Q^*_{k(t)} - Q^*_{k(t-1)} \tag{6-30}$$

$$m_t = M^*_{k(t)} - M^*_{k(t-1)} \tag{6-31}$$

$$w_t = W^*_{k(t)} - W^*_{k(t-1)} \tag{6-32}$$

第 t 年的精矿产量为 $m_t r_p / g_p$。所以第 t 年实现的利润为

$$p_t = \frac{m_t r_p}{g_p} D_t - q_t(c_m + c_p) - w_t c_w - U(q_t, q_{max}) \tag{6-33}$$

设 p_t 发生在 t 年末，则计划路径 L 的总净现值为

$$NPV_L = \sum_{t=1}^{F} \frac{p_t}{(1+d)^t} - I_p(q_{max}) - I(T)，或$$

$$NPV_L = \sum_{t=1}^{F} \frac{1}{(1+d)^t} \left[\frac{m_t r_p}{g_p} D_t - q_t(c_m + c_p) - w_t c_w - U(q_t, q_{max}) \right] - I_p(q_{max}) - I(T) \tag{6-34}$$

时间 0 处的起始条件为：

$$\begin{cases} k(0) = 0 \\ M^*_0 = 0 \\ Q^*_0 = 0 \\ W^*_0 = 0 \end{cases} \tag{6-35}$$

运用以上各式计算出所有计划路径的总净现值，总净现值最大者即为最优计划方案。

6.6 储量参数化模型

应用上述模型优化生产计划，需要首先在最终境界中产生一个符合要求的地质最优开采体序列。根据定义 7，对于给定矿岩总量 T 和矿量 Q 的地质最优开采体，是所有具有相同矿岩总量 T 和矿量 Q 的开采体中，矿石中含金属量最大的开采体。因此，基于块状矿床模型，求总量为 T、矿量为 Q 的地质最优开采体这一问题，可以用数学模型表述为：

问题 1：

$$\max M = \sum_{i=1}^{N_b} x_i v_i g_i \tag{6-36}$$

s. t.

$$\sum_{i=1}^{N_b} x_i v_i = T \tag{6-37}$$

$$\sum_{i=1}^{N_b} o_i x_i v_i = Q \tag{6-38}$$

$$n_i x_i \leq \sum_{x_k \in B_i} x_k \quad \text{for } i = 1, 2, \cdots, N_b \tag{6-39}$$

模型中的符号定义如下：

M：开采体内含有的金属量；

x_i：二进制变量，取 1 时表示开采模块 i，取 0 时表示不开采模块 i；

v_i：模块 i 的重量；

g_i：模块 i 的品位，对于废石模块 $g_i = 0$；

N_b：最终境界中的模块总数；

o_i：用于矿岩区分的二进制变量，取 1 时表示模块 i 为矿石，取 0 时为废石；

T：开采体的矿岩总量；

Q：开采体的矿石量；

B_i：模块 i 的几何约束模块集；

n_i：B_i 中的模块数；

不失一般性，问题 1 中假设综合金属回收率为 100%。式（6-39）中的 B_i 是为满足工作帮坡角要求，欲开采模块 i 时必须先开采的模块的集合，即落入以模块 i 为顶点，以工作帮坡角为锥壳倾角，锥顶朝下的锥体中的那些模块。当不开采模块 i 时，$x_i = 0$，要满足式（6-39），B_i 中的每一个模块 $x_k (k = 1,2,\cdots,n_i)$ 可以开采，也可以不开采，即 x_k 可以是 1，也可以是 0；当开采模块 i 时，$x_i = 1$，式（6-39）左边等于 n_i，要满足式（6-39），必须开采 B_i 中的所有模块，即 $x_k (k = 1,2,\cdots,n_i)$ 都必须等于 1。对于境界中每一个模块 x_i，都存在式（6-39）的约束，所以，式（6-39）实质上是 N_b 个不等式。

将等式（6-37）两端乘以非负拉格朗日乘子 λ、等式（6-38）两端乘以非负拉格朗日乘子 η 后，从目标函数式（6-36）两端减去，问题 1 变为：

$$\max M = \lambda T + \eta Q + \sum_{i=1}^{N_b} x_i v_i [g_i - (\lambda + o_i \eta)] \quad (6\text{-}40)$$

$$\text{s. t. } n_i x_i \leqslant \sum_{x_k \in B_i} x_k \quad \text{for } i = 1,2,\cdots,N_b \quad (6\text{-}41)$$

对于给定的 λ 和 η，$\lambda T + \eta Q$ 是一个常数，对最优解没有影响，故可以将其从式（6-40）中去掉。这样，问题就转化为：

问题 2：

$$\max M = \sum_{i=1}^{N_b} x_i v_i [g_i - (\lambda + o_i \eta)] \quad (6\text{-}42)$$

$$\text{s. t. } n_i x_i \leqslant \sum_{x_k \in B_i} x_k \quad \text{for } i = 1,2,\cdots,N_b \quad (6\text{-}43)$$

问题 1 是一个有条件的开采体优化问题，即在满足一定的矿岩总量 T 和矿量 Q 的条件下求金属量最大的开采体。问题 2 是一个无条件的开采体优化问题，只要开采体的帮坡角满足要求即可。问题 2 的目标函数是问题 1 的目标函数的修正。对于给定的 λ 和 η 值，这一修正的目标函数（6-42）相当于将原来块状模型中的每一模块的品位从 g_i 降低到 $g_i - (\lambda + o_i \eta)$。因为模块为矿石时 $o_i = 1$，模块为废石时 $o_i = 0$，故块状模型中每个废石模块的品位降低了 λ，每个矿石模

块的品位降低了 $(\lambda+\eta)$。因此，问题2是在块状模型中每一模块的品位降低之后的新块状模型上，求使金属量 M 最大的开采体。尽管一些模块的品位降低后会变为负值，负品位在物理上毫无意义，但这并不影响问题的数学求解。可以把 $g_i-(\lambda+o_i\eta)$ 看做是模块 i 的"权值"。所以，求解问题2，就是基于模块的权值，在最终境界内找到一个使总权值 M 最大的开采体。现有的境界优化方法（如图论法）可用来完成这一问题的求解，因为开采体与境界的区别仅在于帮坡角不同（前者用工作帮坡角，后者用最终帮坡角），以及块状模型的范围不同（前者限于给定境界内，后者是整个模型）。

不难看出，随着 λ 和 η 的增加，求得的开采体的尺寸变小。这样，通过系统地改变 λ 和 η 的值，在每次改变后重新计算块状模型中每一个模块的权值，并基于新的块状模型求解问题2，就可以得到一系列地质最优开采体。

通过求解问题2得到的地质最优开采体序列，是完全套嵌的。这是因为在 λ 和 η 增加之前，一些模块对开采体总权值 M 的贡献为正，而在 λ 和 η 增加一定增量后，由于这些模块的权值下降，其对 M 的贡献变为负；要使 λ 和 η 增加后的开采体总权值最大，就得把这些模块从原开采体中去掉（当然，把这些模块去掉后，开采体仍须满足工作帮坡角要求）。因此，增加 λ 和 η 后得到的开采体，必然被完全包含在增加 λ 和 η 之前的开采体中。

上述求地质最优开采体序列的储量参数化模型，在算法上很简单，只是某一境界优化算法的重复应用。然而，储量参数化的一个固有特性是：对于一个给定的境界及其品位分布，求得的相邻开采体之间的增量可能非常大。这一特性称为"缺口"现象。从上述数学模型和相关讨论，容易理解产生缺口的原因。一方面，增加 λ 和 η 后，求解问题2不一定能得到一个与增加 λ 和 η 之前的开采体（原开采体）不同的开采体，只有当 λ 和 η 增加到使一些模块的权值降到一个临界水平以下，使原开采体中至少有一个锥壳倾角为工作帮坡角、锥顶朝上的锥体的总权值变为负，而被从原开采体中"挤出去"时，才能得到一个比原开采体小的新开采体；否则，增加 λ 和 η 后得到的开采体仍然与原开采体相同。另一方面，λ 和 η 的任何微小增加都可能使多个锥壳倾角为工作帮坡角、锥顶朝上的锥体的总权值变为负，而同时被从原开采体中挤出去，得到一个比原开采体小得多的开采体；而在这两个开采体之间无论如何变化 λ 和 η 的值，也得不到任何中间开采体。缺口的大小和出现频率取决于品位在矿床中的空间分布状况，但对于绝大多数矿床都存在。

从本章的生产计划优化定理可知，用于计划优化的地质最优开采体序列中，相邻开采体之间的增量要足够小。因此，缺口问题使储量参数化法不适用于产生用于计划优化的地质最优开采体序列。

6.7 小结

本章提出了"地质最优开采体"的概念，基于这一概念进而提出和证明了露天矿生产计划的优化定理，据此又提出了生产计划优化方法——地质最优开采体动态排序法。可以说，就全境界开采的生产计划而言，形成了比较完整的理论－方法体系。这一体系的主要贡献在于：把决策单元从矿床模型的单个模块转化为地质最优开采体，从而克服了求解这一问题常用的线性规划模型由于变量和约束方程数量太大而难以求解的问题（关于这一问题的讨论见第 1 章）。应用本章的方法，能够在可接受的时间内同时获得生产能力、开采顺序和开采寿命的最优解。

本章所建立的优化生产计划的数学模型只是示范性的，模型中的技术经济参数是一般矿山所必须考虑的，一些成本项（如枚举模型中的基建投资和选厂能力闲置成本）甚至没有给出具体表达式；对有的成本项做了简化处理，例如并没有把精矿品位和选矿金属回收率表达为入选品位的函数，也没有把精矿售价表达为精矿品位的函数。在模型的应用中，应尽量收集和挖掘相关数据，分析数据间的关系，使模型能够最大限度地表达所优化矿山的实际情况。

7 全境界开采的生产计划优化算法与应用

本章依据第 6 章的优化理论和模型，设计相应的算法。把算法应用于一个露天铁矿，对优化结果的合理性及算法表现进行分析与评价。

7.1 地质最优开采体序列的产生算法

依据第 6 章的优化理论，优化生产计划需要首先在最终境界中产生一个符合要求的地质最优开采体序列。储量参数化法虽然可以保证所求得的每个开采体是严格意义上的地质最优开采体，但其缺口问题使得到的地质最优开采体序列无法用于生产计划优化。为了能够产生满足优化定理要求的地质最优开采体序列，我们设计了一个近似算法——锥体排除法。用这一算法，用户可以按需要控制地质最优开采体序列中相邻开采体之间的增量。

那么，相邻开采体之间的增量确定为多少为好呢？根据第 6 章的生产计划优化定理，增量要足够小。理论上讲，这一增量只有达到无穷小，才能保证最优生产计划是地质最优开采体序列的一个子序列。然而，理论上的这一要求在实践中是无法实现的，而且也没有必要设置一个非常小的增量。从第 6 章的优化模型可以看出（参见图 6-4），相邻开采体之间的增量决定了任意一年所评价的不同生产能力之间的差别，这一差别太小没有实际意义。对于一个矿山可以依据可采储量和经验确定一个较合理的年生产能力，比如为 500 万吨左右。显然，比较年产 500 万吨和 501 万吨矿石的两个不同计划方案没有意义，因为可以肯定两者的总净现值（NPV）会很接近，不会对方案决策产生影响。也就是说，把相邻开采体之间的矿石增量设置为 1 万吨这么小没有意义。一般而言，这一增量设置为合理年生产能力估值的 1/20 就已经太小了，取其 1/10 左右就可既有足够的分辨率，又使不同生产能力之间的差别有实际意义。

假设依据上述讨论，相邻开采体之间的矿石增量设定为 ΔQ。最终境界 V 是拟产生的序列 $\{P^*\}_N$ 中最大的开采体 P_N^*，其矿岩总量和矿石量分别记为 T_N^* 和 Q_N^*。锥体排除法的基本思路是：从最终境界 V 开始，从中按工作帮坡角 α 排除含金属量（指矿石里的金属量，下同）最低的矿岩量 ΔT_1，其中的矿量为设定的矿量增量 ΔQ，那么剩余部分就是所有矿岩量等于 $T_N^* - \Delta T_1$、矿量等于 $Q_N^* - \Delta Q$ 的开采体中含金属量最大者，亦即对于 $T_N^* - \Delta T_1$ 和 $Q_N^* - \Delta Q$ 的地质最优开采体，记为 P_{N-1}^*。再从 P_{N-1}^* 中按工作帮坡角排除含金属量最低的矿岩量 ΔT_2，其中的矿量为 ΔQ，就得到下一个更小的地质最优开采体 P_{N-2}^*。如此进行下去，直到剩余部分的矿量等于或小于增量 ΔQ，这一剩余部分即为序列中最小的那个地质最优开采体 P_1^*。这样就得到一个由 N 个地质最优开采体组成的序列 $\{P^*\}_N = \{P_1^*, P_2^*, \cdots, P_N^*\}$。由于任何一个开采体（最终境界除外）都是在比它大的开采体中排除一部分得到的，所以求得的开采体序列一定是一个完全套嵌序列。为了使排除一个增量后所得到的开采体的工作帮满足工作帮坡角要求，所排除的增量必须由一个或多个锥顶朝上、锥壳倾角等于工作帮坡角 α 的锥体组成。

图 7-1 为块状矿床模型和最终境界的一个垂直横剖面示意图，每一栅格表示一个模块（其高度等于台阶高度），垂直方向上的一列模块称为一个**模块柱**。为了使以块状模型描述的境界和开采体能够准确表达最终帮、工作帮和地表地形，在帮坡处和地表处的模块多数为"非整模块"（即整模块的一部分）。参照图 7-1，地质最优开采体序列的产生算法如下：

第 1 步：构建一个锥顶朝上、锥壳与水平面的夹角等于工作帮坡角的锥壳模板，其大小足够覆盖 $X - Y$ 水平面上的境界范围。关于锥壳模板的构建，参照第 4 章 4.2.2 节，所不同的是这里的锥体是锥顶朝上，而 4.2.2 节中的锥体是锥顶朝下。依据上述讨论确定相邻开采体之间的矿石增量 ΔQ。

第 2 步：置当前开采体为最终境界。

第 3 步：置模块柱序号 $i = 1$，即取当前开采体范围内的模块柱 1。

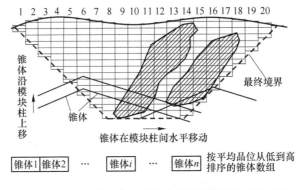

图 7-1　产生地质最优开采体序列的锥体排除法示意图

第 4 步：把锥壳模板的顶点置于模块柱 i 在当前开采体内最低的那个模块的中心，该模块是从下数第一个中心标高大于该处当前开采体边帮或底部标高的模块。

第 5 步：找出当前开采体中落入锥体内的所有模块（整块和非整块），计算锥体的矿量、岩量和平均品位（平均品位等于矿石所含金属量除以矿岩总量）。如果锥体的矿石量小于等于 ΔQ，把该锥体按平均品位从低到高置于一个锥体数组中，继续下一步；如果锥体的矿石量大于 ΔQ，该锥体弃之不用，转到第 7 步。

第 6 步：把锥体沿模块柱 i 向上移动一个台阶，如果锥壳模板顶点高度已经高出该模块柱处的地表标高一个给定的距离，继续下一步；否则，回到第 5 步。

第 7 步：如果模块柱 i 不是当前开采体范围内的最后一个模块柱，取下一个模块柱，即置 $i = i + 1$，回到第 4 步；否则，执行下一步。

第 8 步：至此，当前开采体范围内的所有模块柱被"扫描"了一遍，得到了一组按平均品位从低到高排序的 n 个锥体组成的锥体数组。从数组中找出前 m 个锥体的"联合体"（联合体中不包括任何锥体之间的重叠部分），使联合体的矿石量最接近 ΔQ。

第 9 步：把锥体联合体从当前开采体中排除，即把受联合体中锥体影响的每个模块柱的底部标高提升到此模块柱中线处的锥壳标高，就得到了一个新的开采体，存储这一开采体。

第 10 步：计算上一步得到的开采体的矿石量。如果其矿石量大于 ΔQ，以这一新开采体作为当前开采体，回到第 3 步，产生下一个更小的开采体；否则，所有开采体产生完毕，算法结束。

上述算法中，由于排除的是平均品位最低的 m 个锥体的联合体（联合体的矿石量约等于 ΔQ），排除后得到的开采体最有可能是所有与之大小相同的开采体中含金属量最大者（即地质最优开采体）。然而，由于许多锥体之间存在重叠的部分，这样做并不能保证得到的是同等大小的开采体中含金属量最大的开采体，即严格意义上的地质最优开采体。例如，单独考察锥体数组中各个锥体时，锥体 1 和锥体 2 是平均品位最低的两个锥体；但考察两个锥体的联合体时，也许锥体 9 和锥体 10 的联合体的平均品位低于锥体 1 和锥体 2 的联合体的平均品位。要找出矿石量约等于 ΔQ 的含金属量最低的锥体的联合体，就需要考察所有不同锥体的组合。对于一个实际矿山，组合数量十分巨大，考察所有组合是不现实的。因此，在所开发的软件中提供了两个不同优化级别，供使用者选择：级别 1 不考虑锥体重叠；级别 2 部分考虑锥体重叠。优化级别 2 的运算时间比优化级别 1 要长。

优化级别 1　在上述算法的第 8、9 步中，锥体的联合体的排除过程为：排除第 1 个锥体，其矿石量为 q_1；如果 $q_1 < \Delta Q$，重新计算第 2 个锥体的矿石量 q_2（因为两个锥体间可能有重叠，排除第 1 个锥体后第 2 个锥体的量可能发生变化），如果 $q_1 + q_2 < \Delta Q$，排除第 2 个锥体；重新计算第 3 个锥体的矿石量 q_3，如果 $q_1 + q_2 + q_3 < \Delta Q$，排除第 3 个锥体，……，一直到第 m 个锥体时 $\sum_{j=1}^{m} q_j \approx \Delta Q$ 为止。

优化级别 2　在第 8、9 步中锥体的联合体的排除过程为：排除第 1 个锥体，其矿石量为 q_1；如果 $q_1 < \Delta Q$，重新计算所有尚未被排除的锥体 $j(j = 2, 3, \cdots, n)$ 的量和平均品位，从中选出平均品位最低且 $q_1 + q_k \leqslant \Delta Q$ 的锥体 k，把第 k 个锥体与第 2 个锥体互换位置，排除锥体 2；如果 $q_1 + q_2 < \Delta Q$，重新计算所有尚未被排除的锥体 $j(j = 3, 4, \cdots, n)$ 的量和平均品位，从中选出平均品位最低且 $q_1 + q_2 + q_i \leqslant \Delta Q$ 的锥体 i，把第 i 个锥体与第 3 个锥体互换位置，排除锥体 3；……，

一直到排除了 m 个锥体时，$\sum_{j=1}^{m} q_j \approx \Delta Q$ 为止。

另外，上述算法中把一次扫描得到的所有锥体都存入锥体数组。一个实际矿山的境界范围内可能有上万个模块柱甚至更多，这样做所需计算机内存会很大；而且锥体数组中的锥体数量越大，运行时间越长（对于优化级别 2 尤其如此）。事实上，并不需要把每一个锥体都保存在锥体数组中，只保存足够的平均品位最低的那些锥体就可以了。"足够"有两个方面的含义：一是足够组成矿量不小于 ΔQ 的联合体，如果保存的锥体太少，它们全部的联合体的矿量也可能小于 ΔQ；二是如果用的是优化级别 2，保存的锥体少有可能漏掉含金属量最低的锥体的组合。多次试运算证明，对于 50 万吨左右的 ΔQ，保存 1500 个平均品位最低的锥体就足够了，保存更多的锥体对运算结果没有影响。

7.2 可行计划路径

在第 6 章图 6-4 所示的地质最优开采体动态排序模型中，任何一条从原点 0 到达最上一行的任何一个最终境界的路径，是一条可能的计划路径。虽然只有 8 个开采体，计划路径的数量就是一个不小的数。对于一个实际矿山而言，一般都有超百甚至数百个开采体，计划路径的总数十分巨大，对所有计划路径都进行经济评价将很耗时；对于枚举算法，甚至是不现实的。

实际上，并不需要评价所有计划路径，因为许多路径明显不合理，不可能是最佳路径。例如：图 6-4 中路径 $0 \to P_8^*$ 意味着一年就把整个境界采完，这不仅在经济上不合理，技术上也不可行。再如：最低路径 $0 \to P_1^* \to P_2^* \to P_3^* \to P_4^* \to P_5^* \to P_6^* \to P_7^* \to P_8^*$ 意味着每年的矿石生产能力是产生地质最优开采体序列时的开采体矿石增量 ΔQ，而为了使计划有足够的分辨率，ΔQ 一般只有较合理的年生产能力的 1/10 左右，显然这一路径的生产能力太低；这一路径的开采寿命等于地质最优开采体序列中的开采体数，对于一个总共有 100 多个开采体的实际矿山，这条路径对应的开采寿命是 100 多年，如此低的生产能力和如此长的开采寿命是明显不合理的。

对于一个给定境界，根据可采储量和经验，可以确定一个比较合理的年生产能力范围。如果一条路径上所有年份的生产能力落入这一范围，这一路径被视为可行计划路径，在优化中予以评价；否则视为不可行路径而不予考虑。"可行计划路径"的具体定义如下：

定义　令 Q_L 和 Q_U 分别为年矿石生产能力的下限和上限，T_U 为年采剥能力的上限。如果一条计划路径上除最后一年外的任何一年 t（$t=1,2,\cdots,F-1$；F 为该路径的开采寿命）的采矿量 Q_t 满足 $Q_L \leqslant Q_t \leqslant Q_U$，采剥量 T_t 满足 $T_t \leqslant T_U$，最后一年满足 $Q_F \leqslant Q_U$ 和 $T_F \leqslant T_U$，那么，该路径为**可行计划路径**。

最后一年不需要满足年矿石生产能力的下限，是因为境界已定，在其他年份满足条件的情况下，最后一年是剩余多少就开采多少。

7.3　动态规划算法

令 Q_i^*、M_i^* 和 W_i^* 分别表示地质最优开采体序列 $\{P^*\}_N$ 中第 i 个开采体内的矿石量、矿石里的金属量和废石量（$i=1,2,\cdots,N$；$\{P^*\}_N$ 中的开采体已经从小到大排序，这些量也已计算完毕）。参照第 6 章的图 6-4 和动态规划数学模型，地质最优开采体动态排序的动态规划算法如下：

第 1 步：定义一个 $N \times N$ 的二维"阶段－状态数组"，数组的列为阶段、行为状态，列和行的序数均为 $1 \sim N$；为表述方便，把数组中位于第 t 列、第 i 行的元素称为"状态 $S_{t,i}$"。对于每一阶段（列）t，当状态（行）序号 i 为 $t \leqslant i \leqslant N$ 时，状态 $S_{t,i}$ 所对应的开采体为 $\{P^*\}_N$ 中第 i 个开采体 P_i^*；当 $i<t$ 时，$S_{t,i}$ 所对应的开采体为空（参见图 6-4）。$t=0$ 时，阶段 0 只有一个状态，即初始状态 0（图 6-4 的原点），该状态不属于阶段－状态数组；设置初始状态处的初始条件：$Q_0^*=0$、$M_0^*=0$、$W_0^*=0$、$NPV_{0,0}=0$。

第 2 步：置当前阶段序数 $t=1$（第 1 年）。

第 3 步：置当前状态序数 $i=1$。

第 4 步：当前状态 $S_{t,i}$ 所对应的开采体为 P_i^*，按式（6-23）～式（6-25）计算从初始状态 0 转移到状态 $S_{t,i}$，在第 1 阶段（即第 1 年）

采出的矿石量 $q_{t,i}(t-1,j)$、矿石里的金属量 $m_{t,i}(t-1,j)$ 和剥离的废石量 $w_{t,i}(t-1,j)$。置状态 $S_{t,i}$ 的累积净现值 $NPV_{t,i} = -1.0 \times 10^{30}$，初始化状态 $S_{t,i}$ 为"不可行状态"。

第 5 步：判别这一状态转移的可行性。

（a）如果 $q_{t,i}(t-1,j) < Q_L$ 且 $q_{t,i}(t-1,j) + w_{t,i}(t-1,j) \le T_U$，矿产量小于年矿石生产能力的下限，这一状态转移是不可行性的，转到第 7 步。

（b）如果 $Q_L \le q_{t,i}(t-1,j) \le Q_U$ 且 $q_{t,i}(t-1,j) + w_{t,i}(t-1,j) \le T_U$，这一状态转移是可行性的，执行第 6 步。

（c）如果 $q_{t,i}(t-1,j) > Q_U$ 或 $q_{t,i}(t-1,j) + w_{t,i}(t-1,j) > T_U$，这一状态转移是不可行的，转到第 8 步。

第 6 步：按式（6-26）和（6-27）计算这一状态转移的当年利润 $p_{t,i}(t-1,j)$ 和累积净现值 $NPV_{t,i}$，并把状态 $S_{t,i}$ 标记为"可行状态"；状态 $S_{t,i}$ 的最佳前置状态记录为初始状态。

第 7 步：如果 $i < N$，置 $i = i+1$，回到第 4 步，评价第 1 年的下一个状态；否则，执行下一步。

第 8 步：至此，阶段 1（第一年）的所有状态评价完毕。如果该阶段有可行状态，执行下一步；否则，无解退出。

第 9 步：置当前阶段序数 $t = t+1$。

第 10 步：置当前状态序数 $i = t$。（$i < t$ 的状态均为空，不用考虑。）

第 11 步：当前状态 $S_{t,i}$ 所对应的开采体为 P_i^*。置该状态处的累积净现值 $NPV_{t,i} = -1.0 \times 10^{30}$，初始化该状态为"不可行状态"。

第 12 步：置前一阶段 $t-1$ 的状态序数 $j = t-1$，即从前一阶段的最低非空状态开始考虑向状态 $S_{t,i}$ 转移，该状态 $S_{t-1,j}$ 对应的开采体为 P_j^*。

第 13 步：如果状态 $S_{t-1,j}$ 为可行状态，执行下一步；否则，转到第 17 步。

第 14 步：按式（6-23）~式（6-25）计算从状态 $S_{t-1,j}$ 转移到状态 $S_{t,i}$，在第 t 阶段（即第 t 年）采出的矿石量 $q_{t,i}(t-1,j)$、矿石里的金属量 $m_{t,i}(t-1,j)$ 和剥离的废石量 $w_{t,i}(t-1,j)$。

第 15 步：判别这一状态转移的可行性。

（a）如果 $q_{t,i}(t-1,j) < Q_L$ 且 $q_{t,i}(t-1,j) + w_{t,i}(t-1,j) \leqslant T_U$，分两种情况：

① $i = N$，状态 $S_{t,i}$ 对应的开采体为最终境界，这一状态转移是可行的，执行第 16 步。

② $i < N$，矿产量小于年矿石生产能力的下限，这一状态转移是不可行的，转到第 18 步。

（b）如果 $Q_L \leqslant q_{t,i}(t-1,j) \leqslant Q_U$ 且 $q_{t,i}(t-1,j) + w_{t,i}(t-1,j) \leqslant T_U$，这一状态转移是可行的，执行第 16 步。

（c）如果 $q_{t,i}(t-1,j) > Q_U$ 或 $q_{t,i}(t-1,j) + w_{t,i}(t-1,j) > T_U$，这一状态转移是不可行的，转到第 17 步。

第 16 步：按式（6-26）和式（6-27）计算这一状态转移的当年利润 $p_{t,i}(t-1,j)$ 和累积净现值 $NPV_{t,i}(t-1,j)$，并把状态 $S_{t,i}$ 标记为"可行状态"。如果 $NPV_{t,i}(t-1,j) > NPV_{t,i}$，置 $NPV_{t,i} = NPV_{t,i}(t-1,j)$，并把状态 $S_{t,i}$ 的最佳前置状态记录为状态 $S_{t-1,j}$；否则，$NPV_{t,i}$ 和最佳前置状态不变。

第 17 步：如果 $j < i-1$，置 $j = j+1$，返回到第 13 步；否则，执行下一步。

第 18 步：至此，完成了对状态 $S_{t,i}$ 的评价，即评价了从前一阶段 $t-1$ 的所有状态到该状态的状态转移。若状态 $S_{t,i}$ 为可行状态，就得到了到达该状态的最大累积净现值和该状态的最佳前置状态。如果 $i < N$，置 $i = i+1$，返回到第 11 步（开始评价阶段 t 的下一个状态）；否则，执行下一步。

第 19 步：阶段 t 的所有状态评价完毕。如果 $t < N$，返回到第 9 步，开始评价下一个阶段的状态；否则，执行下一步。

第 20 步：所有阶段的所有状态评价完毕。在阶段 - 状态数组的最上一行的可行状态 $S_{t,N}(t=1,2,\cdots,N)$ 中，找到累积净现值最大的那个状态，它是"最佳终了状态"。该状态所在的阶段即为最佳开采寿命。从最佳终了状态开始，逐阶段反向搜索其最佳前置状态，直到初始状态（原点 0），就得到了最佳计划路径。输出最佳计划相关参数，算法结束。如果在阶段 - 状态数组的最上一行的状态中，没有可行状态，即所有 $S_{t,N}(t=1,2,\cdots,N)$ 都是不可行状态，则无解退出。

出现无解情况，是由于年矿石生产能力的可行区间 $[Q_L, Q_U]$ 设置太窄，或年采剥能力的上限 T_U 设置太低，或相邻地质最优开采体之间存在很大的增量，或是这些因素的联合作用。对此需要具体分析，对相关参数作相应调整后，重新优化。

7.4　枚举算法

在第 6 章中，地质最优开采体动态排序的枚举法模型，是对一条计划路径从头至尾逐年进行计算的。实际上，许多可行计划路径之间有重合段。如图 7-2 所示，设两条路径 $0{\rightarrow}P_2^*{\rightarrow}P_4^*{\rightarrow}P_6^*{\rightarrow}P_8^*$ 和 $0{\rightarrow}$ $P_2^*{\rightarrow}P_4^*{\rightarrow}P_7^*{\rightarrow}P_8^*$ 均是可行计划路径，这两条路径在头两年重合，都是 $0{\rightarrow}P_2^*{\rightarrow}P_4^*$。所以，二者在头两年推进到的采场状态（开采体）相同，年采矿量和剥离量相同，年利润也相同。完成了路径 $0{\rightarrow}P_2^*{\rightarrow}$ $P_4^*{\rightarrow}P_6^*{\rightarrow}P_8^*$ 的经济评价后，路径 $0{\rightarrow}P_2^*{\rightarrow}P_4^*{\rightarrow}P_7^*{\rightarrow}P_8^*$ 上头两年

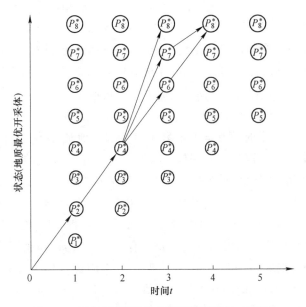

图 7-2　地质最优开采体动态排序模型图（局部）

的相关经济参数是已知的，不需要对整条路径从头到尾逐年计算，只需完成其后两年的计算就可以了。利用这一特点，可以节省大量的计算时间。

　　从上述两条计划路径之间的关系可以看出一般规律：一条计划路径（如例中的 $0 \to P_2^* \to P_4^* \to P_7^* \to P_8^*$ ）可以基于位于其下方的相邻计划路径（上例中的 $0 \to P_2^* \to P_4^* \to P_6^* \to P_8^*$ ）进行构建；再如，计划路径 $0 \to P_2^* \to P_4^* \to P_8^*$ 可以基于位于其下方的相邻计划路径 $0 \to P_2^* \to P_4^* \to P_7^* \to P_8^*$ 进行构建。基于这一规律，可以一边构建路径，一边根据定义 1 判别其可行性，并只对可行路径上的"新"状态进行相关计算。在这一过程中，只保存当前可行计划路径和那条最佳（NPV 最大的）的可行计划路径，路径的构建与评价结束后，最佳计划路径也随之而得。这样就不需要先把所有可行路径都找出来并存储在内存里，而后逐条对它们进行经济评价，既节省了运算时间，又节省了内存。实际上，对于一个现实矿山而言，可行路径的数量十分巨大，一般 PC 计算机的内存是有可能不足以存储所有路径的。

　　令 Q_i^*、M_i^* 和 W_i^* 分别表示地质最优开采体序列 $\{P^*\}_N$ 中第 i 个开采体内的矿石量、矿石里的金属量和废石量（$i = 1, 2, \cdots, N$，$\{P^*\}_N$ 中的开采体已经从小到大排序，这些量也已计算完毕）；$k(t)$ 表示一条计划路径上第 t 年的开采体在序列 $\{P^*\}_N$ 中的序号，也就是说，第 t 年末采场推进到开采体 $P_{k(t)}^*$。依据以上论述，可行计划路径的构建和评价算法概述如下：

　　第 1 步：置时间 $t = 1$（第 1 年）。在地质最优开采体序列 $\{P^*\}_N$ 中找到这样一个开采体，其矿石量不小于设定的年矿石生产能力下限 Q_L 且与 Q_L 最为接近，并且其矿岩总量不大于设定的年采剥能力上限 T_U。如果找到了这样一个开采体，它在 $\{P^*\}_N$ 中的序号为 $k(1)$，即正在构建的计划路径上第 1 年末的采场推进到开采体 $P_{k(1)}^*$；计算该年的采出矿量 q_t、q_t 含有的金属量 m_t 和剥离的废石量 w_t，它们分别等于 $Q_{k(1)}^*$、$M_{k(1)}^*$ 和 $W_{k(1)}^*$；进而计算年收入和采、剥、选成本及其折现到时间 0 点的净现值；继续下一步。如果找不到这样一个开采体，则无可行计划，算法终止。

第 2 步：置时间 $t = t + 1$（下 1 年）。

第 3 步：置年 t 的开采体序号 $k(t) = k(t-1) + 1$。$k(t-1)$ 是正在构建的计划路径上前一年的开采体序号。

第 4 步：计算年 t 的矿石开采量 $q_t = Q_{k(t)}^* - Q_{k(t-1)}^*$ 和废石剥离量 $w_t = W_{k(t)}^* - W_{k(t-1)}^*$。

第 5 步：

（a）如果 $q_t < Q_L$ 且 $q_t + w_t \leqslant T_U$，分两种情况：

① $k(t) = N$，即开采体 $P_{k(t)}^*$ 是序列 $\{P^*\}_N$ 中的最后一个（最终境界），那么正在构建的计划路径已经抵达终点，最终境界 P_N^* 为路径上的终点开采体，得到了一条完整的可行计划路径，其开采寿命 $F = t$ 年；计算该年 t 的矿石金属量 $m_t = M_{k(t)}^* - M_{k(t-1)}^*$，进而计算年收入和采、剥、选成本及其折现到时间 0 点的净现值；执行第 6 步。

② $k(t) < N$，年 t 的矿石开采量低于设定的年矿石生产能力下限，不可行，置开采体序号 $k(t) = k(t) + 1$，即考虑一个更大的开采体，返回到第 4 步。

（b）如果 $Q_L \leqslant q_t \leqslant Q_U$ 且 $q_t + w_t \leqslant T_U$：

开采体 $P_{k(t)}^*$ 是正在构建的计划路径上第 t 年末的可行采场状态；计算该年 t 的矿石金属量 $m_t = M_{k(t)}^* - M_{k(t-1)}^*$，进而计算年收入和采、剥、选成本及其折现到时间 0 点的净现值。若 $k(t) = N$，那么正在构建的计划路径已经抵达最终境界，得到了一条完整的可行计划路径，其开采寿命 $F = t$ 年，执行第 6 步；否则，返回到第 2 步。

（c）如果 $q_t > Q_U$ 或 $q_t + w_t > T_U$：

年 t 的矿石开采量或采剥总量超出设定的上限，无可行计划，算法终止。

第 6 步：至此，得到了一条具有"最低矿产量"的可行计划路径，即路径上除最后一年外，每年的矿石开采量都刚刚满足设定的年矿石生产能力下限 Q_L。计算该计划的选厂基建投资和其他基建投资，以及各年的选厂闲置成本（如果有的话）；计算这一路径的总 NPV。取该路径为当前路径，并把它保存为最佳路径。

第 7 步：置时间 $t = F - 1$，F 为当前路径的开采寿命。

第 8 步：从 t 年开始构建新的可行计划路径，新路径在 $1 \sim (t -$

1)年与当前路径相同。把当前路径上年 t 的开采体序号增加 1，即置 $k(t) = k(t) + 1$。

第 9 步：计算年 t 的矿石开采量 $q_t = Q^*_{k(t)} - Q^*_{k(t-1)}$ 和废石剥离量 $w_t = W^*_{k(t)} - W^*_{k(t-1)}$。$k(t-1)$ 是当前路径上年 $t-1$（前一年）的开采体序号。

第 10 步：

（a）如果 $q_t \leqslant Q_U$ 且 $q_t + w_t \leqslant T_U$：

开采体 $P^*_{k(t)}$ 是正在构建的新计划路径上第 t 年末的可行采场状态，它变为当前路径上年 t 的开采体（即把原来的开采体替换掉）；计算年 t 的矿石金属量 $m_t = M^*_{k(t)} - M^*_{k(t-1)}$，进而计算年收入和采、剥、选成本及其折现到时间 0 点的净现值。若 $k(t) = N$，那么正在构建的新计划路径已经抵达最终境界，得到了一条完整的可行计划路径，其开采寿命 $F = t$ 年，转到第 15 步；否则，执行第 11 步。

（b）如果 $q_t > Q_U$ 或 $q_t + w_t > T_U$：

年 t 的矿石开采量或采剥总量超出设定的上限，不可行，置 $t = t - 1$，即沿当前路径往回退一年。如果这时的 $t > 0$，返回到第 8 步；否则，所有可行计划路径的构建和评价完毕，转到第 16 步。

第 11 步：置 $t = t + 1$。

第 12 步：置年 t 的开采体序号 $k(t) = k(t-1) + 1$，$k(t-1)$ 是正在构建的新计划路径上前一年的开采体序号。

第 13 步：计算年 t 的矿石开采量 $q_t = Q^*_{k(t)} - Q^*_{k(t-1)}$ 和废石剥离量 $w_t = W^*_{k(t)} - W^*_{k(t-1)}$。

第 14 步：

（a）如果 $q_t < Q_L$ 且 $q_t + w_t \leqslant T_U$，分两种情况：

① $k(t) = N$，即开采体 $P^*_{k(t)}$ 是序列 $\{P^*\}_N$ 中的最后一个（最终境界），那么正在构建的新计划路径已经抵达终点，最终境界 P^*_N 为该路径上的终点开采体，得到了一条完整的可行计划路径，其开采寿命 $F = t$ 年；计算该年的矿石金属量 $m_t = M^*_{k(t)} - M^*_{k(t-1)}$，进而计算年收入和采、剥、选成本及其折现到时间 0 点的净现值；转到第 15 步。

② $k(t) < N$，年 t 的矿石开采量低于设定的年矿石生产能力下

限，不可行，置开采体序号 $k(t)=k(t)+1$，即考虑一个更大的开采体，返回到第 13 步。

（b）如果 $Q_L \leq q_t \leq Q_U$ 且 $q_t+w_t \leq T_U$：

开采体 $P_{k(t)}^*$ 是正在构建的新计划路径上第 t 年末的可行采场状态；计算年 t 的矿石金属量 $m_t = M_{k(t)}^* - M_{k(t-1)}^*$，进而计算年收入和采、剥、选成本及其折现到时间 0 点的净现值。若 $k(t)=N$，那么正在构建的新计划路径已经抵达最终境界，得到了一条完整的可行计划路径，其开采寿命 $F=t$ 年，执行第 15 步；否则，返回到第 11 步。

（c）如果 $q_t > Q_U$ 或 $q_t+w_t > T_U$：

年 t 的矿石开采量或采剥总量超出设定的上限，不可行，算法半途而废，显示错误信息，转到第 16 步，输出到此为止的最佳路径。

第 15 步：一条新的可行计划路径构建完毕，计算该计划的选厂基建投资和其他基建投资，以及各年的选厂闲置成本（如果有的话）；计算这一路径的总 NPV。如果这条路径的总 NPV 大于保存的最佳路径的总 NPV，把该路径保存为最佳路径（即把原最佳路径替换掉）；否则，原最佳路径不变。把该路径作为当前路径，返回到第 7 步。

第 16 步：输出最佳计划路径，算法结束。

在可行计划路径中，一些路径的总 NPV 与最大总 NPV 之间相差很小，可以忽略不计。但这些路径中有的可能比具有最大总 NPV 的路径更为合理，如矿石产量更为稳定、剥离峰值较低等。因此，在上述算法中，可以保留和输出多条最佳路径供用户选择。设计优化软件时，保留的最佳路径数量应作为界面上的输入数据由用户设定。

7.5 算法应用与评价

基于上述各算法，我们开发了"露天矿生产计划优化"软件。本节把该软件应用于一个中型露天铁矿，对优化结果进行分析，并对算法进行评价。

7.5.1 输入数据

该矿设计区域的地表地形等高线如图 7-3 所示。应用第 3 章 3.5 节中的标高模型建立算法，基于等高线建立了地表标高块状模型，模块为边长等于 15m 的正方形。基于矿岩界线分层平面图,建立了块状矿体模型,模块的水平边长为 15m,垂直边长等于该矿采用的台阶高度,也为 15m。75m 水平的块状矿体模型如图 7-4 所示,充填的模块为矿体模块,其他为废石模块。该矿矿体的平均品位为 25%。

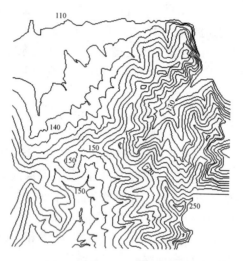

图 7-3   矿区地表地形等高线

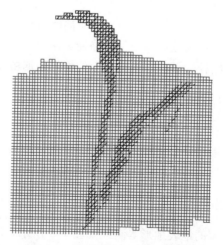

图 7-4   75m 水平的块状矿体模型

各层矿体和废石的原地容积密度见表 7-1，表中，Fe6、Fe7 和 Fe8 为矿石，Q4 为四纪层，其他均为岩石（ROCK 为没有命名的岩石）。优化中用到的技术经济参数见表 7-2。

表 7-1　矿石和废石的原地容重　　　　　　（t/m³）

矿岩名称	Fe6	Fe7	Fe8	CS	LCS	rπ
容重	3.40	3.41	3.40	3.33	3.33	2.69
矿岩名称	hb	YSP	XJ	Sm	Q4	ROCK
容重	2.87	2.87	2.85	2.69	1.6	2.63

表 7-2　技术经济参数

参数	矿石开采成本 /¥·t⁻¹	废石剥离成本 /¥·t⁻¹	选矿成本 /¥·t⁻¹	精矿售价 /¥·t⁻¹	回采率 /%
取值	20	16	100	700	95
参数	选矿金属回收率/%	精矿品位 /%	废石混入率 /%	混入废石品位/%	边界品位 /%
取值	84	65	6	0	20

对于生产计划而言，最终境界也是输入数据。本例中所用境界的三维视图和等高线图分别见图 7-5 和图 7-6，境界内的矿岩量见表 7-3。

图 7-5　最终境界三维视图

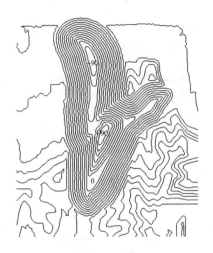

图 7-6　最终境界等高线图

表 7-3　最终境界内矿岩量 （10⁴ t）

原地矿量	原地废石量	采出矿量	采出废石量	精矿量
7026.5	12580.5	7101.3	12505.7	2156.6

7.5.2　地质最优开采体序列

应用本章 7.1 节中的锥体排除算法，在最终境界中产生地质最优开采体序列。根据境界内的可采储量，用泰勒公式估算该矿的合理生产能力为年开采矿石 400 万吨左右，所以相邻开采体之间的矿石量增量 ΔQ 设置为 50 万吨；工作帮坡角为 17°。共产生了 140 个地质最优开采体，其采出矿石量、废石量以及相邻开采体之间的矿石增量见表 7-4。可以看出，除第 1 个开采体外（按照算法，第 1 个开采体的量是其他开采体满足增量条件下的剩余量），相邻开采体之间的矿石增量都与设定值 50 万吨很接近，最大偏差约 2%；最大与最小增量之间也只相差约 0.5 万吨。

相邻开采体之间的矿石增量是否均匀，及其与设定值之间有多大的偏差，取决于矿体形态和矿石品位的空间分布。虽然本章给出的锥体排除算法不能保证在所有情况下，都获得所有相邻开采体之间的增量都很接近设定值，但我们将算法应用于几个不同的矿床模型进行试验，都得到了很好的结果。因此，该算法具有高适应性。

表7-4 地质最优开采体序列的矿岩量　　　　　　　　(10^4 t)

序号	矿量	废石量	矿量增量	序号	矿量	废石量	矿量增量
1	44.7	50.5	44.7	29	1466.2	2205.3	50.8
2	95.6	132.5	50.9	30	1516.8	2298.0	50.6
3	146.1	195.9	50.5	31	1567.6	2425.5	50.8
4	196.7	254.4	50.5	32	1618.3	2504.7	50.8
5	247.5	310.1	50.8	33	1669.3	2640.6	51.0
6	298.3	375.3	50.8	34	1720.1	2737.0	50.8
7	349.2	445.3	50.9	35	1771.1	2826.0	51.0
8	400.2	515.6	51.0	36	1821.9	2910.0	50.7
9	450.8	581.1	50.6	37	1872.5	2989.4	50.7
10	501.8	643.2	51.0	38	1923.4	3078.9	50.9
11	552.7	712.9	51.0	39	1974.0	3161.3	50.6
12	603.5	781.0	50.7	40	2024.8	3241.0	50.7
13	654.0	855.1	50.6	41	2075.4	3331.5	50.7
14	704.7	928.7	50.6	42	2126.0	3421.3	50.6
15	755.2	1000.0	50.5	43	2176.9	3513.1	50.9
16	805.9	1078.4	50.7	44	2227.8	3605.3	50.8
17	856.6	1151.4	50.7	45	2278.8	3704.1	51.0
18	907.2	1224.4	50.6	46	2329.4	3801.2	50.7
19	957.8	1298.1	50.7	47	2380.5	3894.8	51.0
20	1008.8	1372.7	51.0	48	2431.0	3995.4	50.6
21	1059.8	1457.4	50.9	49	2481.6	4090.6	50.6
22	1110.6	1542.1	50.9	50	2532.3	4200.3	50.7
23	1161.5	1619.6	50.9	51	2582.9	4303.8	50.6
24	1212.5	1721.7	50.9	52	2633.9	4426.5	51.0
25	1263.2	1812.3	50.7	53	2684.5	4540.2	50.6
26	1313.8	1906.9	50.6	54	2735.3	4664.9	50.7
27	1364.4	2010.6	50.7	55	2785.9	4789.7	50.6
28	1415.4	2117.1	50.9	56	2836.9	4898.1	51.0

序号	矿量	废石量	矿量增量	序号	矿量	废石量	矿量增量
57	2887.7	4987.9	50.8	89	4512.1	9113.5	51.0
58	2938.3	5073.7	50.7	90	4562.8	9195.8	50.7
59	2989.2	5159.7	50.9	91	4613.4	9278.9	50.6
60	3039.8	5242.3	50.6	92	4664.3	9361.6	50.9
61	3090.4	5322.7	50.6	93	4714.9	9439.7	50.6
62	3141.4	5400.9	51.0	94	4765.9	9518.9	51.0
63	3192.2	5481.3	50.7	95	4816.4	9599.1	50.5
64	3243.1	5568.0	50.9	96	4867.0	9682.3	50.6
65	3293.9	5660.8	50.8	97	4918.0	9757.4	51.0
66	3344.5	5760.9	50.7	98	4968.7	9830.0	50.7
67	3395.5	5862.5	51.0	99	5019.4	9906.5	50.8
68	3446.1	5981.4	50.5	100	5070.5	9978.0	51.0
69	3496.8	6098.1	50.8	101	5121.4	10055.0	50.9
70	3547.6	6232.7	50.8	102	5172.1	10129.6	50.7
71	3598.2	6356.9	50.6	103	5222.7	10198.3	50.6
72	3649.0	6483.6	50.8	104	5273.7	10274.1	51.0
73	3700.0	6616.0	51.0	105	5324.3	10348.4	50.5
74	3750.6	6778.9	50.6	106	5375.2	10420.1	51.0
75	3801.5	6916.2	50.9	107	5426.0	10493.5	50.8
76	3852.2	7064.7	50.7	108	5476.9	10565.7	50.9
77	3902.8	7224.6	50.7	109	5527.7	10638.1	50.7
78	3953.5	7396.3	50.7	110	5578.3	10707.6	50.6
79	4004.4	7586.5	50.9	111	5628.9	10776.7	50.6
80	4055.0	7794.3	50.6	112	5679.8	10848.1	50.9
81	4106.0	8027.0	50.9	113	5730.5	10920.7	50.7
82	4156.8	8270.1	50.9	114	5781.2	10993.1	50.8
83	4207.5	8551.8	50.7	115	5831.8	11064.2	50.6
84	4258.1	8667.1	50.6	116	5882.4	11136.1	50.6
85	4308.8	8760.0	50.7	117	5932.9	11214.2	50.6
86	4359.7	8855.1	50.9	118	5983.8	11293.5	50.9
87	4410.5	8943.7	50.8	119	6034.5	11375.7	50.7
88	4461.1	9028.0	50.5	120	6085.1	11471.3	50.6

序号	矿量	废石量	矿量增量	序号	矿量	废石量	矿量增量
121	6136. 0	11546. 7	50. 9	131	6644. 0	12162. 5	50. 7
122	6186. 7	11618. 1	50. 7	132	6695. 0	12212. 3	51. 0
123	6237. 4	11688. 2	50. 7	133	6745. 7	12266. 6	50. 7
124	6288. 4	11757. 4	51. 0	134	6796. 5	12314. 7	50. 8
125	6339. 4	11836. 2	51. 0	135	6847. 4	12358. 2	50. 8
126	6389. 9	11894. 2	50. 6	136	6898. 3	12394. 3	50. 9
127	6440. 8	11951. 6	50. 9	137	6949. 2	12426. 5	50. 9
128	6491. 6	11997. 0	50. 8	138	6999. 9	12459. 3	50. 7
129	6542. 4	12047. 5	50. 8	139	7050. 7	12488. 1	50. 7
130	6593. 2	12108. 6	50. 8	140	7101. 3	12505. 7	50. 6

7.5.3　生产计划优化结果

应用枚举法进行优化。优化中，基建投资只考虑了选厂投资。假设矿山开采的矿石均由自己的选厂处理，且不设储矿场。这样，选厂的设计年处理能力就等于计划中最高年矿石产量。选厂的投资函数为：

$$I_p = 20000 + 250q \qquad (7\text{-}1)$$

式中，I_p 为选厂基建投资折现到时间0点的总额，10^4¥；q 为选厂处理能力，10^4t/a。

一条计划路径上各年的矿石开采量可能有较大的差别，所以选厂按最高年矿石产量设计，会出现一些年份选厂"吃不饱"的情况。选厂能力有较大闲置时，在经济评价中应计入闲置成本。本例中，选厂完全闲置一年的成本等于按15年和7%利息计算的选厂投资的年金，其占投资的比例等于年金系数，为0.1098；在选厂吃不饱的年份（最后一年除外），若实际处理原矿量小于其处理能力的90%，就发生闲置成本。该年的闲置成本等于选厂完全闲置一年的成本乘以该年实际处理的原矿量占处理能力的比例。

净现值计算中使用的折现率为8%。各年的采矿、剥岩和选矿成本以及选厂的闲置成本均按发生在年末计算。

根据上述对合理年矿石生产能力的估值（400万吨左右），其可行区间设置为 $[Q_L, Q_U] = [350, 650]$ 万吨；年采剥总量不设上限，所以给 T_U 设定了一个很高的值，$T_U = 5000$ 万吨。

基于上述地质最优开采体序列和技术经济参数，对生产计划进行了优化。输出了10条最佳计划路径，它们的总 NPV 很接近，其中最低者比最高者只差不到 0.9%，可以认为这些计划的经济效益是相同的。表 7-5 给出了总 NPV 最高的计划方案的相关参数，其中时间 0 点的成本为选厂投资，选厂的处理能力为每年 508 万吨。

表 7-5 最佳生产计划方案（精矿价格 = 700 ¥/t）

时间 /a	开采体序号	矿石产量 /10⁴t	废石剥离量 /10⁴t	精矿产量 /10⁴t	精矿销售额 /10⁴¥	成本 /10⁴¥	净现值 /10⁴¥
0						147000.0	−147000.0
1	10	501.8	643.2	152.4	106668.1	70503.8	33485.4
2	20	507.0	729.5	154.0	107789.0	72516.4	30240.6
3	30	508.0	925.3	154.3	107983.7	75758.8	25581.1
4	40	508.0	943.1	154.3	107992.8	76049.0	23479.7
5	50	507.6	959.3	154.2	107904.8	76258.8	21537.7
6	60	507.5	1042.0	154.1	107878.5	77567.4	19101.1
7	70	507.8	990.4	154.2	107950.1	76781.5	18186.6
8	80	507.4	1561.6	154.1	107867.0	85875.1	11881.5
9	90	507.7	1401.5	154.2	107938.4	83352.5	12299.0
10	100	507.7	782.2	154.2	107931.9	73441.0	15975.9
11	110	507.8	729.6	154.2	107957.1	72613.0	15158.5
12	120	506.8	763.7	153.9	107731.2	73032.0	13779.6
13	130	508.2	637.3	154.3	108025.5	71175.6	13549.2
14	140	508.1	397.1	154.3	108006.7	67321.3	13851.8
合计		7101.3	12505.7	2156.6	1509624.8	1199246.3	121108.3

从表中第三列可以看出，这一计划每年的矿石产量很稳定。依据该计划，该矿应该按照年产 500 万吨矿石的规模设计。由于每年的矿

石开采量都与选厂处理能力几乎相等，这一计划没有发生选厂闲置成本。从另一角度看，由于选厂闲置成本的作用，最佳生产计划会尽量避免采场的矿石生产能力有较大波动，或者说，矿石生产能力有较大波动的那些计划路径一般不会成为最佳计划路径。在输出的 10 条最佳计划路径中，只有 3 条发生了选厂闲置成本，而且在开采寿命期都只发生了一次。这说明，选厂闲置成本发挥了很好的生产能力稳定器的作用，考虑该项成本，在理论和实践上都是合理的。

最佳生产计划的开采寿命为 14 年，在 8% 的折现率下，总 NPV 约为 12.1 亿元。优化中没有考虑除选厂外的其他项目的基建投资。如果其他基建投资折现到时间 0 点的总额不超过 12.1 亿元，按照该计划可以实现 8% 或更高的投资收益率；否则，投资收益率将低于8%。

表 7-5 中"开采体序号"一列给出了每年末采场状态所对应的开采体，与表 7-4 中的地质最优开采体序号相对应。它指明了采场从地表到最终境界的时空发展过程，即开采顺序。根据这一计划，采场在第 1 年末推进到开采体 10，第 2 年末推进到开采体 20，依此类推。这里只给出第 5 年末和第 10 年末的采场形态（即开采体 50 和 100）等高线图，分别为图 7-7 和图 7-8。

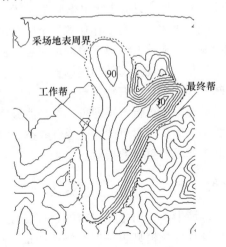

图 7-7　第 5 年末采场（开采体 50）等高线图

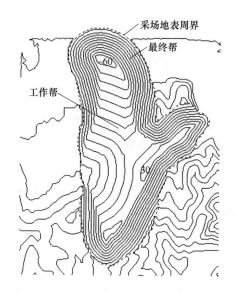

图 7-8　第 10 年末采场（开采体 100）等高线图

　　任何优化模型和算法都很难考虑全部的实际约束条件，如最短工作线长度、最高下降速度等。所以，优化结果一般都存在不合理甚至不可行之处。例如，从图 7-7 和图 7-8 可以看出，优化结果中，在第 5 年后的某一时间，采场北部的工作线由纵向布置转为横向布置，下部几个台阶的工作线长度太短，造成作业效率下降甚至无法作业。所以，在实际计划编制中，应该改为纵向或扇形布置，使之变为可行方案。这种调整会导致年末采场形态的相应调整。存在不合理甚至不可行之处，并不意味着优化结果没有意义；有了优化结果作为参照，计划编制就不再是设计出一个可行方案即可，而是能够使最终计划方案尽可能接近优化方案，以获得尽可能高的经济效益。因此，优化结果对于实际计划编制工作具有重要的指导意义。

7.5.4　分析与评价

　　在正常的经营环境中，矿山企业追求的目标是经济效益最大化。所以，我们的生产计划优化模型也是以经济效益最大化为目标函数。当技术经济条件发生变化且变化幅度达到一定程度时，优化结果也应随之变化，而且应该朝着"期望"的方向变化。比如，预期的精矿价格上涨了，一般而言适度扩大生产规模会获得更高的经济效益；反之，应该适度收缩生产规模。对优化结果随技术经济参数的变化进行灵敏度分析，具有三方面的意义：一是可以检验优化模型的合理性和算法的正确性，如果优化结果随技术经济参数的变化方向与预期不符，说明模型存在内在问题或算法有逻辑或计算错误；二是可以检验输入的技术经济参数值是否符合实际，比如当单位成本降低了一定幅度后优化出的生产规模更为合理，这说明原来准备的单位成本取值偏高，很可能是把对优化没有影响的不变成本也纳入到了可变成本（即单位成本）；三是在优化模型合理、算法正确和数据符合实际的前提下，灵敏度分析可以指明当技术经济参数变化到什么程度时，应该考虑调整生产计划以及调整的正确方向和合理幅度，这对于矿山生产中的技术决策有重要支持价值。

对于给定的经济技术条件和可采储量，上述优化结果无论是生产规模还是开采寿命，均是合理的。对生产计划影响最明显的是矿产品市场价格。把精矿的市场价格从每吨 700 元降低到每吨 650 元，保持其他输入参数不变，得到的最佳生产计划如表 7-6 所示。

表 7-6　最优生产计划方案（精矿价格 = 650 ¥/t）

时间 /a	开采体 序号	矿石产量 /10^4t	废石剥离量 /10^4t	精矿产量 /10^4t	精矿销售额 /10^4 ¥	成本 /10^4 ¥	净现值 /10^4 ¥
0						121750.0	− 121750.0
1	8	400.2	515.6	121.5	78999.2	56272.7	21043.1
2	16	405.7	562.8	123.2	80081.9	57687.6	19199.5
3	24	406.6	643.3	123.5	80261.0	59083.4	16811.5
4	32	405.9	783.0	123.3	80120.1	61233.6	13882.2
5	40	406.4	736.3	123.4	80226.1	60550.8	13390.7
6	48	406.3	754.4	123.4	80197.0	60822.7	12209.1
7	56	405.9	902.7	123.3	80117.5	63146.1	9902.6
8	64	406.2	669.9	123.4	80182.6	59461.1	11195.2
9	72	406.0	915.6	123.3	80136.5	63365.2	8389.8
10	80	406.0	1310.7	123.3	80138.3	69687.8	4840.6

时间 /a	开采体 序号	矿石产量 /10^4t	废石剥离量 /10^4t	精矿产量 /10^4t	精矿销售额 /10^4¥	成本 /10^4¥	净现值 /10^4¥
11	88	406.0	1233.7	123.3	80155.4	68466.1	5013.4
12	96	405.9	654.2	123.3	80130.9	59179.8	8320.0
13	104	406.7	591.8	123.5	80284.7	58274.4	8093.1
14	112	406.1	574.0	123.3	80165.3	57916.7	7574.8
15	120	405.3	623.2	123.1	79996.7	58601.5	6744.7
16	128	406.6	525.7	123.5	80253.7	57197.4	6729.9
17	136	406.7	397.3	123.5	80276.0	55157.5	6788.8
18	140	203.0	111.4	61.6	40071.6	26142.0	3485.9
合计		7101.3	12505.7	2156.6	1401794.5	1173996.3	61864.7

比较表 7-5 和表 7-6 可以看出，优化结果确实朝着预期的方向发生了变化：精矿价格的下降致使最佳生产规模从约 500 万吨/年降低到约 400 万吨/年，开采寿命从 14 年延长到 17 年半。这种变化主要来自两个动力：一是在精矿价格较低的经济环境中，要获得收益最大化就必须降低基建投资；本例中虽然只考虑了选厂投资，但生产规模降低导致的选厂投资的减少额，占了精矿价格为 650 元/吨时最佳计划总净现值的 40% 多。二是在精矿价格降低后，必须尽量推迟剥离高峰；从结果数据可以看出，生产规模的降低使剥离高峰推迟了 2 年，从之前的第 8 和第 9 年推迟到了第 10 年和第 11 年。

比较这两个生产计划的总 NPV 可知，精矿价格降低了 7.1%（从 700 元/吨降到 650 元/吨，其他条件不变），矿山的总 NPV 降低了 48.9%。可见，矿山的经济效益对于矿产品价格有很高的灵敏度。

从另一个角度看，如果相关经济技术参数在矿山投产后比最初在矿山设计时的预测发生了显著变化，仍然按照原方案进行建设和生产会造成多大的损失呢？现依据表 7-5 和表 7-6 中的数据，分别就精矿价格低于和高于设计时的预测值这两种情况进行分析。

（1）设计时对精矿价格的预测是 700 元/吨，得到了表 7-5 中的生产计划；但实际实现的价格是 650 元/吨。假设其他参数均不变，按原计划进行建设和生产，保持表 7-5 中的成本不变，按 650 元/吨的精矿价格重新计算各年的精矿销售额和 *NPV*，得到原计划在 650 元/吨的精矿价格条件下实现的总 *NPV* 为 57642 万元。这比基于 650 元/吨的精矿价格进行优化所得到的生产计划的总 *NPV*（表 7-6 中的 61864 万元）降低了 6.8%，这是一个不容忽视的损失。

（2）设计时对精矿价格的预测是 650 元/吨，得到了表 7-6 中的生产计划；实际实现的价格是 700 元/吨。假设其他参数均不变，按原计划建设和生产，保持表 7-6 中的成本不变，按 700 元/吨的精矿价格重新计算各年的精矿销售额和 *NPV*，得到原计划在 700 元/吨的精矿价格条件下实现的总 *NPV* 为 118803 万元。这比基于 700 元/吨的精矿价格进行优化所得到的生产计划的总 *NPV*（表 7-5 中的 121108 万元）降低了 1.9%。

上述（1）是设计时对矿产品市场的预测偏于乐观的情形。这种情形造成的损失较大，而且一旦按计划完成建设，基建投资已经发生，与投资相关的损失无法挽回。上述（2）是设计时对矿产品市场的预测偏于保守的情形。这种情形造成的损失较小；而且一旦确定市场价格会在较长时间保持高于预测的水平，总有机会扩大生产规模，挽回大部分潜在损失。因此，矿山设计时适当趋于保守，有利于规避投资风险。

显而易见，基于给定技术经济条件得到的最佳生产计划，当技术经济条件发生了变化且变化幅度达到一定程度时，就不再是最佳的。上述优化结果也正是如此。这也从另一个角度验证了枚举法优化模型和算法的正确性。

上述算例揭示出矿山的经济效益和生产计划对于矿产品价格具有高灵敏度。这一结论不仅适用于本算例，也适用于大多数矿山。"纸面上"的算例分析是如此，现实中也是如此。在过去 10 年中，铁矿市场价格经历了大起大落，在高价位期一些矿山纷纷扩大产能，利润达到了暴利的程度；在低价位期，一些矿山不得不降低产能，明显感觉到日子的不好过。

那么，矿山的经济效益和生产计划对生产成本的灵敏度如何呢？我们把表 7-2 中的单位采矿、剥岩和选矿成本都增加 7%，分别从每吨 20 元、16 元和 100 元增加到每吨 21.4、17.12 和 107 元，其他参数不变，对生产计划进行重新优化，结果见表 7-7。

　　表 7-7 和表 7-6 中的生产计划完全相同，即两者每年的采矿量、剥岩量和开采顺序（年末推进到的开采体）完全相同。所以，对于本例而言，精矿价格降低 7% 和单位生产成本提高 7% 对生产计划具有同样的影响。然而对经济效益的影响却不同：精矿价格降低 7% 使矿山的总 NPV 降低了 48.9%，单位生产成本提高 7% 使矿山的总 NPV 降低了 34.1%；价格的影响高于单位生产成本的影响。

表 7-7　最优生产计划方案

（精矿价格 = 700 ¥/t，单位采、剥、选成本上升 7%）

时间 /a	开采体 序号	矿石产量 /10^4 t	废石剥离量 /10^4 t	精矿产量 /10^4 t	精矿销售额 /10^4 ¥	成本 /10^4 ¥	净现值 /10^4 ¥
0						121750.0	−121750.0
1	8	400.2	515.6	121.5	85076.1	60211.8	23022.5
2	16	405.7	562.8	123.2	86242.1	61725.7	21018.8
3	24	406.6	643.3	123.5	86434.9	63219.2	18429.4
4	32	405.9	783.0	123.3	86283.2	65520.0	15261.6
5	40	406.4	736.3	123.4	86397.3	64789.3	14706.0
6	48	406.3	754.4	123.4	86366.0	65080.3	13413.6
7	56	405.9	902.7	123.3	86280.3	67566.3	10919.4
8	64	406.2	669.9	123.4	86350.5	63623.3	12278.8
9	72	406.0	915.6	123.3	86300.8	67800.8	9254.6
10	80	406.0	1310.7	123.3	86302.8	74565.9	5436.5
11	88	406.0	1233.7	123.3	86321.3	73258.7	5602.3
12	96	405.9	654.2	123.3	86294.8	63322.4	9122.7
13	104	406.7	591.8	123.5	86460.4	62353.6	8864.0
14	112	406.1	574.0	123.3	86331.9	61970.9	8294.0
15	120	405.3	623.2	123.1	86150.3	62703.6	7391.4
16	128	406.6	525.7	123.5	86427.1	61201.2	7363.2
17	136	406.7	397.3	123.5	86451.1	59018.5	7414.2
18	140	203.0	111.4	61.6	43154.0	27972.0	3799.3
合计		7101.3	12505.7	2156.6	1509624.8	1247653.5	79842.2

  以上应用结果充分证明了枚举法模型的合理性。动态规划模型由于受到无后效应条件的限制，无法把与生产计划密切相关的因素——尤其是基建投资与生产规模的关系——纳入模型，所以不能给出合理的优化结果。例如，基于同样的境界及其地质最优开采体序列，用表7-1 和表 7-2 中的参数，应用动态规划模型进行优化，得出的最佳生产计划中矿石生产能力（除最后一年外）均达到所设置的可行区间的上限。这是因为没有基建投资对最高生产能力的"惩罚"，只要折算到每吨精矿的生产成本低于精矿售价，利润就与产量成正比。生产能力越高，各年的利润就越被前移，总净现值自然也就越高。据此可以预期，精矿价格从 700 元/吨降到 650 元/吨（其他条件不变）也不会改变优化结果，即矿石生产能力（除最后一年外）仍然是所设置的可行区间的上限。实际运行结果确实如此，因此，动态规划模型的实用价值不高。

  枚举法对于任何参数和函数关系都没有任何限制，可以适应任何具体情况。但其最大的劣势是需要较长（甚至是很长）的运行时间。这一算法的运行时间取决于需要评价的可行计划路径数目，后者取决于所设置的生产能力可行区间 $[Q_L, Q_U]$、T_U 和地质最优开采体序列 $\{P^*\}_N$。在给定的 $\{P^*\}_N$ 且年采剥总量不设上限（T_U 很大）的条件下，运行时间取决于 $[Q_L, Q_U]$，且随着区间的扩展快速增加。上述算例中，$[Q_L, Q_U] = [350, 650]$，输出结果显示共评价了 2289 亿76212338 条可行计划路，在 Dell Latitude E6440-3GHz 笔记本上运行了整整 17 个小时。平均每秒评价 370 多万条路径的速度并不慢，问题在于可行路径数太高。

  解决这一问题的有效方法是采用"分段"优化：每次优化中设置相对较窄的 $[Q_L, Q_U]$ 区间，如果优化结果中年生产能力（最后一年除外）再增加一个开采体增量就超出了其上限 Q_U，说明最佳计划可能在上限之上；如果优化结果中年生产能力（最后一年除外）再减少一个开采体增量就低于其下限 Q_L，说明最佳计划可能在下限之下。相应地调整区间重新优化，直到最佳计划完全落入 $[Q_L, Q_U]$。这样，虽然需要运行多次（一般是 2~3 次），却可以大大降低运行时间。例如，上述算例中把 $[Q_L, Q_U]$ 设置为 $[300, 500]$，可行计划路径数减少到 957 亿 31159737 条，同一台计算机上的运行时间降低到 9 小时；把 $[Q_\mathrm{L}, Q_\mathrm{U}]$ 设置为 $[400, 600]$，可行计划路径数减少到 494131820 条，同一台计算机上的运行时间降低到 2 分钟。

7.6   小结

本章给出了实现上一章生产计划优化理论和数学模型的相关算法。这些算法都是框架性的，旨在指明优化方法的基本逻辑。算法主要是为编程服务的。编程不仅需要更为详细的算法，还需要合理的数据结构，具体的编程算法应该结合数据结构的设计来设计，而本章的算法可为具体算法的设计提供整体逻辑指导。

本章用了约一半的篇幅进行案例分析，一是为了验证所提出的生产计划优化理论和算法的正确性和实用性；二是为了向读者示范如何对优化结果的合理性进行分析和评价，因为只有能够判别优化结果的合理性，才能实现优化方法的正确应用；三是向读者表明，优化生产计划不仅仅是得出一个优化方案即可，而是需要针对相关参数的不确定性，尽可能全面地分析方案的变化，为最终决策提供有价值的依据。

8 最终境界与生产计划的整体优化

实践中，最终境界的设计和生产计划的编制一般都是分别进行的：先设计境界，而后在境界内编制生产计划。然而，设计境界时，由于还没有开采计划，无法以净现值（NPV）最大为目标函数进行优化，只能以总盈利最大作为评价指标；而在生产计划的优化中，绝大多数优化方法都以 NPV 最大为目标函数。这样就存在一个问题：总盈利最大的境界不一定是 NPV 最大的境界，而 NPV 最大的境界才是真正的最佳境界，因为能够体现一个矿山项目的投资收益的不是总盈利，而是 NPV。也就是说，分别优化境界和生产计划一般得不到整体最优方案。

本章针对上述问题，提出最终境界和生产计划的整体优化方法与算法，并通过算例应用进行比较分析。

8.1 地质最优境界

欲求得 NPV 最大的境界，就必须能够计算境界的 NPV；而要计算境界的 NPV，就必须知道其生产计划以便计算每年的现金流。因此，只有把境界和生产计划作为一个整体进行优化，才能得到整体最佳方案。实现整体优化的最直接的思路是：先设计一系列候选境界，然后在每个候选境界中优化生产计划并计算其 NPV，NPV 最大的那个境界及其生产计划就是整体最佳方案。

那么，什么样的境界可以作为候选境界呢？显然，我们无法考虑所有可能的境界，因为对于给定的矿床模型和最终帮坡角，存在无穷多个大小、形状、位置各异的境界。不过，也没有必要考虑所有可能的境界。假设我们考虑的候选境界之一，是一个采剥总量为 T（比如1 亿吨）的境界，不难想象，对于这一给定的量，也存在许多个位置、形状、大小不同的境界可供考虑。然而，即使不进行经济核算，也自然会想到：在所有采剥总量为 T 的境界中，含金属量最大的那个境界比其他具有相同采剥总量的境界都好。这就引出如下定义：

定义 如果在所有满足最终帮坡角 $\{\beta\}$ 要求的总量为 T、矿量为 Q 的境界集合 $\{V(T,Q)\}$ 中，某个境界的矿石中含有的金属量最大，这个境界称为对于总量 T、矿量 Q 和帮坡角 $\{\beta\}$ 的**地质最优境界**，记为 $V^*(T,Q)$，或简记为 V^*。

这一定义与第 6 章中"地质最优开采体"的定义基本相同。由于岩体性质的各向异性，最终帮坡角一般都随方位或区域变化，定义中的 $\{\beta\}$ 表示由不同方位或区域的最终帮坡角组成的数组。

应用这一定义，就可以把一系列满足最终帮坡角要求、对应于不同矿量和岩量的地质最优境界作为候选境界，而不必考虑其他所有境界。从理论上讲，这"一系列"也是无穷多个境界，但对于一个现实问题，只考虑有限的数量就可以了。首先，可以依据矿床探明储量预先设定系列中的最小和最大地质最优境界。比如，矿床的探明储量为 1 亿吨矿石，可以把含矿石量为一半或三分之一储量的地质最优境界作为系列中的最小者；系列中的最大境界可以基于一个比预测精矿价格高很多（比如高一倍以上）的价格，用第 4 章中的境界优化方法求得，几乎可以肯定最佳境界的大小位于如此确定的最小和最大境界之间。其次，地质最优境界之间的增量也不必太小。假如最大地质最优境界内的矿量为全部探明储量，即 1 亿吨，那么可以估计出其合理开采寿命在 20 年左右、合理年矿石生产能力为 500 万吨左右；如果两个地质最优境界的矿量差别小于 500 万吨（比如一个是 7000 万吨，另一个是 7300 万吨），可以预见，两者的 *NPV* 之间的差别不会达到影响决策的程度。所以，地质最优境界之间的矿石量增量取估计的合理年矿石生产能力甚至稍高，就可满足现实需要。这样，假设最大境界的矿量为 1 亿吨，最小境界的矿量为 0.5 亿吨，相邻境界间的矿石量增量取 500 万吨，需要考虑的境界总数为 11 个。

8.2 地质最优境界序列的产生算法

第 6 章给出的储量参数化法可以用于产生地质最优境界，但由于其缺口问题，所产生的境界之间的增量可能太大而遗漏最佳境界，所以，我们用与第 7 章中产生地质最优开采体序列类似的近似算法——

锥体排除法,产生一个地质最优境界序列。

根据上述讨论,假设我们已经设定拟产生的地质最优境界序列中最小境界的矿石量为 Q_1^*,该境界记为 V_1^*;最大境界已经用境界优化算法求得,记为 V_N^*,其矿岩总量和矿石量分别为 T_N^* 和 Q_N^*;相邻境界之间的矿石量增量设定为 ΔQ。锥体排除法的基本思路是:从最大境界 V_N^* 开始,从中按最终帮坡角 $\{\beta\}$ 排除含金属量(指矿石里的金属量,下同)最低的矿岩量 ΔT_1,其中的矿石量为设定的矿量增量 ΔQ,那么剩余部分就是所有矿岩量等于 $T_N^* - \Delta T_1$、矿量等于 $Q_N^* - \Delta Q$ 的境界中含金属量最大者,亦即对于 $T_N^* - \Delta T_1$ 和 $Q_N^* - \Delta Q$ 的地质最优境界,记为 V_{N-1}^*。再从 V_{N-1}^* 中排除含金属量最低的矿岩量 ΔT_2,其中的矿量为 ΔQ,就得到下一个更小的地质最优境界 V_{N-2}^*。如此进行下去,直到剩余部分的矿量等于或小于 Q_1^*,这一剩余部分即为最小的那个地质最优境界 V_1^*。这样,就得到一个由 N 个地质最优境界组成的序列 $\{V_1^*, V_2^*, \cdots, V_N^*\}$,记为 $\{V^*\}_N$。

图 8-1 是块状矿床模型和境界 V_i^* 的一个垂直横剖面示意图,每一栅格表示一个模块,其高度等于台阶高度,垂直方向上的一列模块称为一个**模块柱**。为了使以块状模型描述的境界能够准确表达境界帮坡角和地表地形,在帮坡和地表处的模块多数为"非整模块",即整模块的一部分。参照图 8-1,地质最优境界序列的产生算法如下:

第 1 步:构建一个锥顶朝上、各方位的锥壳与水平面之间的夹角等于相反方位的最终帮坡角的锥壳模板,其大小足够覆盖 $X-Y$ 水平面上的最大境界范围。关于锥壳模板的构建,参照第 4 章 4.2.2 节,所不同的是这里的锥体是锥顶朝上,而 4.2.2 节中的锥体是锥顶朝下。

第 2 步:应用第 4 章的境界优化方法,基于一个比当前精矿价格或预测的最高精矿价格高许多的精矿价格(其他技术经济参数取当前估计值),优化出一个境界,作为地质最优境界序列中的最大境界 V_N^*。依据 V_N^* 中的矿石量,设定最小地质最优境界的矿石量 Q_1^* 以及相邻境界之间的矿石增量 ΔQ。

第 3 步:置当前境界为最大境界 V_N^*。

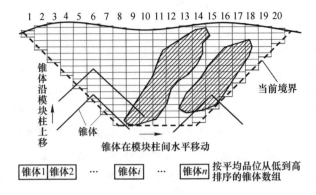

图 8-1　产生地质最优境界序列的锥体排除法示意图

第 4 步：置模块柱序号 $i=1$，即取当前境界范围内的模块柱 1。

第 5 步：考虑模块柱 i 在当前境界内最低的模块，即从下数第一个中心标高大于该处当前境界边帮或底部标高的模块，把锥壳模板的顶点置于该模块中心处。

第 6 步：找出当前境界中落入锥体内的所有模块（整块和非整块），计算锥体的矿量、岩量和平均品位（平均品位等于矿石所含金属量除以矿岩总量）。如果锥体的矿石量小于等于 ΔQ，把该锥体按平均品位从低到高置于一个锥体数组中，继续下一步；如果锥体的矿石量大于 ΔQ，该锥体弃之不用，转到第 8 步。

第 7 步：把锥体沿模块柱 i 向上移动一个台阶（即一个模块高度）。如果这一标高已经高出该模块柱处的地表标高一个给定的距离，继续下一步；否则，回到第 6 步。

第 8 步：如果模块柱 i 不是当前境界范围内的最后一个模块柱，置 $i=i+1$，即取下一个模块柱，回到第 5 步；否则，执行下一步。

第 9 步：至此，当前境界范围内的所有模块柱被"扫描"了一遍，得到了一组按平均品位从低到高排序的 n 个锥体组成的锥体数组。从数组中找出前 m 个锥体的"联合体"（联合体中不包括任何锥体之间的重叠部分），使联合体的矿石量最接近 ΔQ。

第 10 步：把上一步的锥体联合体从当前境界中排除，即把受联合体中锥体影响的每个模块柱的底部标高提升到此模块柱中线处的锥壳标高，就得到了一个新的境界，存储这一境界。

第 11 步：计算上一步得到的境界矿石量。如果其矿石量大于设定的最小境界的矿石量 Q_1^*，置当前境界为这一新境界，回到第 4 步，产生下一个更小的境界；否则，所有境界产生完毕，算法结束。

上述算法中，由于排除的是平均品位最低的 m 个锥体的联合体（联合体的矿石量约等于 ΔQ），排除后得到的境界最有可能是所有与之大小相同的境界中含金属量最大者（即地质最优境界）。然而，由于许多锥体之间存在重叠的部分，该算法并不能保证得到的是同等大小的境界中含金属量最大的那个，即严格意义上的地质最优境界。例如，单独考察锥体数组中各个锥体时，锥体 1 和锥体 2 是平均品位最低的两个锥体；但考察两个锥体的联合体时，也许锥体 8 和锥体 11 的联合体的平均品位低于锥体 1 和锥体 2 的联合体的平均品位。要找出矿石量约等于 ΔQ 的平均品位最低的锥体的联合体，就需要考察所有不同锥体的组合。对于一个实际矿山，组合数量十分巨大，考察所有组合是不现实的。因此，在所开发的软件中提供了两个不同的优化级别供使用者选择：级别 1 不考虑锥体重叠；级别 2 部分考虑锥体重叠。优化级别 2 的运行时间要长于优化级别 1。

级别 1 在算法的第 9 步和第 10 步中，锥体的联合体的排除过程为：排除数组中第 1 个锥体，其矿石量为 q_1；如果 $q_1 < \Delta Q$，重新计算第 2 个锥体的矿石量 q_2（因为两个锥体间若有重叠，排除第 1 个锥体后第 2 个锥体的量会发生变化），如果 $q_1 + q_2 < \Delta Q$，排除第 2 个锥体；重新计算第 3 个锥体的矿石量 q_3，如果 $q_1 + q_2 + q_3 < \Delta Q$，排除第 3 个锥体，……一直到第 m 个锥体时 $\sum_{j=1}^{m} q_j \approx \Delta Q$ 为止。

级别 2 在算法的第 9 和第 10 步中，锥体的联合体的排除过程为：排除第 1 个锥体，其矿石量为 q_1；如果 $q_1 < \Delta Q$，重新计算所有尚未被排除的锥体 $j(j=2,3,\cdots,n)$ 的量和平均品位，从中选出平均品位最低且 $q_1 + q_k \leqslant \Delta Q$ 的锥体 k，把第 k 个锥体与第 2 个锥体互换位置，排除锥体 2；如果 $q_1 + q_2 < \Delta Q$，重新计算所有尚未被排除的锥体 $j(j=3,4,\cdots,n)$ 的量和平均品位，从中选出平均品位最低且 $q_1 + q_2 + q_i \leqslant \Delta Q$ 的锥体 i，把第 i 个锥体与第 3 个锥体互换位置，排除锥体 3，

……一直到排除了 m 个锥体时 $\sum\limits_{j=1}^{m} q_j \approx \Delta Q$ 为止。

另外，上述算法中把一次扫描得到的所有锥体都存入了锥体数组。对于一个实际矿山，一次扫描的模块柱可能有上万个甚至更多，这样做所需的计算机内存会很大；而且锥体数组中的锥体数量越大，运行时间越长，对于优化级别 2 尤其如此。事实上，并不需要把每一个锥体都保存在锥体序列中，只保存足够的平均品位最低的那些锥体就可以了。"足够"有两个方面的含义：一是足够组成矿量不小于 ΔQ 的联合体，如果保存的锥体太少，它们全部的联合体的矿量也可能小于 ΔQ；二是如果用的是优化级别 2，保存的锥体数量少于一定数值时，会漏掉平均品位最低的锥体的组合。多次试运算表明，对于 500 万吨左右的 ΔQ，保存 3000 个平均品位最低的锥体就足够了，保存更多的锥体对运算结果没有影响。

8.3   境界与生产计划整体优化算法

以地质最优境界序列中的境界为候选境界，应用第 6 章和第 7 章的生产计划优化模型和算法，在这些候选境界内优化生产计划，就可得到最佳境界及其生产计划，即境界和生产计划的整体最佳方案。算法如下：

第 1 步：置境界序号 $j = 1$，即取地质最优境界序列 $\{V^*\}_N$ 中的第 1 个境界。

第 2 步：应用第 7 章 7.1 节中地质最优开采体序列的产生算法，在境界 j 内产生地质最优开采体序列。

第 3 步：依据境界 j 的可采储量，设定年矿石生产能力的可行区间 $[Q_L, Q_U]$ 和年采剥量上限 T_U；一般情况下年采剥量不设限，即设置一个很大的 T_U。应用第 7 章的生产计划优化算法（枚举法或动态规划法）优化境界 j 的生产计划。保存或输出境界 j 的最佳生产计划。

第 4 步：如果 $j < N$，置 $j = j + 1$，即取地质最优境界序列 $\{V^*\}_N$ 中的下一个境界，返回到第 2 步；否则，执行下一步。

第 5 步：所有候选境界的生产计划优化完毕，算法结束。从保存或输出的结果中确定整体最佳方案。

如果发现结果中的最佳境界是序列 $\{V^*\}_N$ 中的最大境界 V_N^*，表明最优境界可能是一个比 V_N^* 更大的境界。这种情况下，需要逐台阶对比境界 V_N^* 和矿床块状模型。如果在境界 V_N^* 之外还有较大的储量，就应该在上一节地质最优境界序列产生算法的第 2 步进一步提高精矿价格，得到一个更大的最大境界；把原最大境界 V_N^* 作为最小境界（即设定最小境界的矿石量 Q_1^* 等于原 V_N^* 的矿石量），再产生一个地质最优境界序列，并对这一序列优化生产计划。综合两次优化结果，确定整体最佳方案。如果在原最大境界 V_N^* 之外矿量很少或没有矿量，表明整体最佳方案就是把矿床模型的全部（或几乎全部）矿量采出，没有必要考虑更大的境界了。

如果发现结果中的最佳境界是序列 $\{V^*\}_N$ 中的最小境界 V_1^*，表明最优境界可能是一个比 V_1^* 更小的境界。这种情况下，就以原最小境界 V_1^* 作为新序列的最大境界，设定一个更小的最小境界矿石量 Q_1^*，再产生一个地质最优境界序列，并对这一序列优化生产计划。综合两次优化结果，确定整体最佳方案。

不过，出现上述情形之一，也有可能是输入数据有误（比如误输入）或是取值太不合理所致。所以，应该首先仔细检查输入数据，而后采取相应的措施。

基于几个不同矿山的矿床模型进行的案例研究表明，这些案例的总 NPV 随境界大小的变化曲线一般是单峰曲线，即随着境界的增大，总 NPV 先是单调增加，达到峰值后又单调下降。利用这一特点，可以用黄金分割法或其他方法搜索最优境界，而不必对序列 $\{V^*\}_N$ 中的所有境界进行生产计划优化，这样可以节省时间。但是，总 NPV 随境界大小的变化曲线是否为单峰曲线，取决于矿床中品位的分布，这样做可能得到的是局部峰值处的方案。

8.4 案例应用与分析

本节基于第 7 章 7.5 节中的矿床模型和地表标高模型，应用上述整体优化算法对该矿的境界和生产计划进行整体优化，并针对不同的经济条件进行优化结果分析和算法评价。相关技术经济参数见表 7-1

和表7-2，选厂投资函数见式（7-1），各方位的最终帮坡角均为47°。

8.4.1 给定技术经济条件的优化结果

进行整体优化需要首先产生地质最优境界序列。根据8.2节的算法，先求最大境界。精矿价格设定为1500元/吨（其他参数不变），应用第4章4.3节中的自下而上负锥排除法优化出最大境界，其采出矿石量为9134.5万吨。而后，从最大境界开始，产生地质最优境界序列。依据最大境界的矿石量，最小境界的矿石量设定为 $Q_1^* = 4500$ 万吨，相邻境界之间的矿石量增量取 $\Delta Q = 500$ 万吨。共产生了10个境界，其矿岩量如表8-1所示，表中数据是计入开采中矿石损失和废石混入后的矿岩量。

表8-1 地质最优境界序列的矿岩量

境界序号	矿量 /10^4t	废石量 /10^4t	境界平均剥采比/t∶t	矿石增量 /10^4t	废石增量 /10^4t	增量剥采比 /t∶t
1	4570.5	4968.7	1.087			
2	5076.9	6051.5	1.192	506.4	1082.8	2.138
3	5584.3	7313.5	1.310	507.4	1262.0	2.487
4	6093.8	8794.3	1.443	509.5	1480.8	2.906
5	6599.1	10367.3	1.571	505.3	1573.0	3.113
6	7105.5	12251.2	1.724	506.4	1883.9	3.720
7	7611.7	14399.4	1.892	506.2	2148.2	4.244
8	8118.1	17056.4	2.101	506.4	2657.0	5.247
9	8624.5	21033.7	2.439	506.4	3977.3	7.854
10	9134.5	25660.2	2.809	510.0	4626.5	9.072

从表中的数据可以看出：

（1）相邻境界之间的矿石增量与设定值（500）基本相等，说明地质最优境界序列的产生算法可以很好地控制境界增量。

（2）表中的"境界平均剥采比"等于境界内的废石量与矿石量之比，它随境界的增大而增加。这是矿体有露头（或其顶部接近地表）且矿体形态较稳定的条件下的一般规律，本例中的矿体正是如此。这从一个角度说明：每个境界都是在保持其大小不变的条件下尽量缩小剥采比的结果。由于本例中矿体的品位很稳定，这也就等于说，每个境界都是尽量增大金属量、尽量靠近严格意义上的地质最优境界的结果。

（3）表中的"增量剥采比"是废石增量与矿石增量之比，它随境界的增大而上升，而且比相应的境界平均剥采比大得多。尤其是对于序列中最后几个大境界，增量剥采比是相应的境界平均剥采比的近三倍或更高。境界 j 与境界 $j+1$ 之间的增量，就是算法中产生境界 j 时从境界 $j+1$ 中排除的那部分。这部分的剥采比比境界 j 和境界 $j+1$ 的平均剥采比都大许多，说明排除的部分确实含金属量很低。虽然不能肯定这部分是同样大小的增量中含金属量最低的那个，但其金属量也是很接近后者的。这也从另一个角度表明，虽然算法是近似算法，但得到的境界序列应该是很接近严格意义上的地质最优境界序列的。

在上述境界序列的每个境界中，按 17° 的工作帮坡角和 50 万吨的矿石量增量，产生地质最优开采体序列，然后应用第 7 章 7.4 节中的枚举算法优化每个境界的生产计划。表 8-2 是精矿价格为 700 元/吨时优化结果中各境界的主要指标。

表8-2　各境界优化结果的主要指标（精矿价格 = 700 ¥/t）

境界序号	矿石生产能力 /10^4t·a^{-1}	开采寿命 /a	总净现值 /10^4 ¥	总净现值比前一境界变化/%	总净现值比最佳境界变化/%
1	354.3 ~ 357.9	12.86	95832.8		-22.24
2	403.7 ~ 407.4	12.50	105084.5	9.65	-14.73
3	405.1 ~ 406.8	13.75	111588.9	6.19	-9.46
4	456.2 ~ 458.3	13.33	114329.7	2.46	-7.23
5	456.1 ~ 458.6	14.44	118618.6	3.75	-3.75
6	**506.8 ~ 508.3**	**14.00**	**123241.4**	**3.90**	**0.00**
7	506.0 ~ 508.8	15.00	121715.5	-1.24	-1.24
8	502.6 ~ 508.2	16.00	117622.7	-3.36	-4.56
9	501.1 ~ 508.6	17.00	99224.8	-15.64	-19.49
10	453.0 ~ 457.8	20.00	83879.9	-15.46	-31.94

可见，在给定的技术经济条件下，该矿的整体最佳方案是境界 6
及其最佳生产计划，生产计划见表 8-3。该方案的矿石生产能力约为
500 万吨/年，开采寿命 14 年。从表 8-2 可以看出，境界 7 对应的方
案的总净现值与最佳方案相差不大（只比后者低 1.24%）。这两个方
案可作为矿山详细设计的参照方案。

表 8-3 整体最佳方案的生产计划（精矿价格 = 700 ¥/t）

时间 /a	开采体 序号	矿石产量 /10^4t	废石剥离量 /10^4t	精矿产量 /10^4t	精矿销售额 /10^4¥	成本 /10^4¥	净现值 /10^4¥
0						147000.0	-147000.0
1	10	506.8	649.9	153.9	107743.7	71217.7	33820.4
2	20	507.3	731.5	154.1	107835.7	72574.9	30230.4
3	30	507.4	986.1	154.1	107874.3	76671.2	24770.0
4	40	508.2	957.6	154.3	108034.5	76305.3	23321.9
5	50	507.2	1017.2	154.0	107818.2	77137.0	20881.1
6	60	507.9	900.9	154.2	107972.0	75362.5	20549.5
7	70	508.0	926.0	154.3	107986.9	75773.0	18796.5
8	80	507.6	1511.0	154.2	107905.0	85089.7	12326.4
9	90	507.5	1350.5	154.1	107890.0	82509.5	12696.5
10	100	507.0	783.9	154.0	107786.5	73385.1	15934.5
11	110	507.0	707.4	154.0	107824.8	72183.4	15286.0
12	120	508.3	732.6	154.4	108051.1	72715.1	14032.4
13	130	507.4	582.8	154.1	107857.1	70208.8	13843.2
14	140	507.8	413.5	154.2	107939.9	67546.1	13752.5
合计		7105.5	12251.2	2157.9	1510519.5	1195679.2	123241.4

从表 8-2 的最后两列可以看出，总净现值随着境界的增大先是单
调上升，上升幅度基本上呈减小趋势；达到峰值后单调下降，而且呈
加速下降趋势。境界 6 所对应的方案虽然在 10 个境界中是总净现值
最高者，但它可能不是真正的最优方案。从总净现值随境界的变化趋
势可以预测：真正的最优方案应该在境界 6 和境界 7 之间。我们可以
把境界 6 作为最小境界、境界 7 作为最大境界，设定更小的境界增
量，产生一个新的地质最优境界序列进行重新优化，找出更好的方

案。不过，对于本例而言，这样做没有必要，因为境界 6 和境界 7 所对应的两个方案的总净现值之间相差已经很小，它们之间的最优方案的总净现值也不会有不可忽视的增加。

表 8-2 表明，随着境界从境界 1 增大到境界 9，最佳生产能力呈阶段性增长趋势，矿石产量从每年约 350 万吨增长到每年约 500 万吨。这符合开采规模随可采储量增加的一般规律。但是，当境界增大到境界 10 时，最佳生产能力却比境界 9 下降了。这是因为境界 10 的生产剥采比太高，造成年利润明显下降（输出结果显示，在剥离高峰年份出现了亏损），要使总净现值最大，就得降低选厂基建投资，即降低生产能力。从另一个角度看，剥采比显著升高相当于每吨精矿的生产成本有了较大幅度的上升，从第 7 章的案例分析可知，生产成本上升到一定幅度会导致最佳生产能力下降。

8.4.2 精矿价格对最佳方案的影响

一般而言，技术经济条件发生变化且达到一定的变化幅度时，整体最佳方案也随之变化。下面通过精矿价格的升降以及精矿价格和生产成本都随时间变化，来分析整体最佳方案是如何变化的。

首先，把精矿价格从 700 元/吨提高到 750 元/吨，其他条件均不变。重新优化后，各境界优化结果的主要指标见表 8-4。

表 8-4　各境界优化结果的主要指标（精矿价格 = 750 ¥/t）

境界序号	矿石生产能力 $/10^4 t \cdot a^{-1}$	开采寿命 /a	总净现值 $/10^4$ ¥	总净现值比前一境界变化/%	总净现值比最佳境界变化/%
1	405.5 ~ 408.7	11.25	139405.8		-26.61
2	454.7 ~ 458.1	11.11	153165.2	9.87	-19.37
3	506.6 ~ 508.4	11.00	163961.7	7.05	-13.68
4	506.9 ~ 509.1	12.00	171277.3	4.46	-9.83
5	557.7 ~ 560.4	11.82	179793.1	4.97	-5.35
6	557.5 ~ 559.0	12.73	187788.1	4.45	-1.14
7	**607.5 ~ 610.1**	**12.50**	**189953.2**	**1.15**	**0.00**
8	604.4 ~ 609.6	13.33	188886.8	-0.56	-0.56
9	602.3 ~ 610.9	14.17	172428.1	-8.71	-9.23
10	605.4 ~ 610.3	15.00	158228.1	-8.24	-16.70

　　可见，精矿价格上升 7% 不仅使总净现值提高了 54%，整个方案也发生了明显变化：整体最佳方案的境界从境界 6 扩大到境界 7；最佳矿石生产能力从约 500 万吨/年提升到约 600 万吨/年；开采寿命从 14 年缩短到 12.5 年；开采顺序当然也随之改变。境界和生产能力的变化方向是符合预期的，即矿产品价格升高一定程度后，境界应适度扩大，生产能力应适度提高。对本例而言，这种变化的发生所要求的价格升高程度并不大，低于折现率（8%）就发生了。精矿价格为 750 元/吨时，整体最佳方案的生产计划见表 8-5。

表 8-5　整体最佳方案的生产计划（精矿价格 = 750 ¥/t）

时间 /a	开采体序号	矿石产量 /10⁴t	废石剥离量 /10⁴t	精矿产量 /10⁴t	精矿销售额 /10⁴¥	成本 /10⁴¥	净现值 /10⁴¥
0						172500.0	-172500.0
1	12	607.5	794.6	184.5	138374.7	85615.8	48850.9
2	24	610.1	923.8	185.3	138963.6	87994.1	43698.1
3	36	609.3	1313.5	185.1	138789.5	94137.5	35446.2
4	48	608.7	1250.4	184.8	138634.2	93046.4	33508.4
5	60	608.9	1681.4	184.9	138681.0	99965.6	26349.1
6	72	609.3	1795.1	185.0	138786.3	101841.4	23281.6
7	84	608.8	1107.1	184.9	138660.7	90766.9	27945.6
8	96	609.2	1179.8	185.0	138764.6	91985.3	25273.4
9	108	609.2	1286.7	185.0	138751.6	93687.7	22543.2
10	120	609.5	1139.7	185.1	138829.4	91378.0	21979.2
11	132	608.5	992.9	184.8	138608.0	88912.2	21313.7
12	144	608.2	701.6	184.7	138536.8	84213.6	21572.5
13	150	304.4	232.7	92.4	69323.2	40246.6	10691.4
合计		7611.7	14399.4	2311.6	1733703.8	1316291.1	189953.2

　　比较表 8-4 和表 8-2 还可以看出，精矿价格从 700 元/吨升高为 750 元/吨，使所有境界的最佳生产能力都提高了，表 8-4 中境界 10 的生产能力与境界 9 相比也不再下降了。

　　把精矿价格从 700 元/吨降低到 650 元/吨（其他条件均不变），重新优化后，各境界优化结果的主要指标见表 8-6。可以看出：精矿价格下降7%，不足以使最佳境界缩小，最佳境界仍然是境界6，但足以使最佳方案的生产能力降低，矿石产量从每年约500万吨降低到每年约400万吨，最佳开采寿命从14年延长到17.5年，总净现值降低了48.4%。精矿价格为650元/吨时，整体最佳方案的生产计划见表8-7。

表8-6　各境界优化结果的主要指标（精矿价格=650￥/t）

境界序号	矿石生产能力/10⁴t·a⁻¹	开采寿命/a	总净现值/10⁴￥	总净现值比前一境界变化/%	总净现值比最佳境界变化/%
1	303.9~307.2	15.00	54933.8		-13.66
2	302.1~305.4	16.67	60042.4	9.30	-5.63
3	354.3~356.0	15.71	62661.9	4.36	-1.51
4	354.8~357.1	17.14	61062.3	-2.55	-4.03
5	405.6~408.0	16.25	62174.2	1.82	-2.28
6	**405.2~406.6**	**17.50**	**63624.8**	**2.33**	**0.00**
7	404.3~406.9	18.75	59259.9	-6.86	-6.86
8	400.7~406.8	20.00	53080.9	-10.43	-16.57
9	348.6~356.5	24.29	35211.3	-33.66	-44.66
10	300.8~305.2	30.00	22933.2	-34.87	-63.96

表8-7　整体最佳方案的生产计划（精矿价格=650￥/t）

时间/a	开采体序号	矿石产量/10⁴t	废石剥离量/10⁴t	精矿产量/10⁴t	精矿销售额/10⁴￥	成本/10⁴￥	净现值/10⁴￥
0						121750.0	-121750.0
1	8	405.2	520.8	123.1	79985.7	56955.8	21323.9
2	16	405.8	570.5	123.3	80114.4	57830.5	19104.8
3	24	405.9	631.4	123.3	80125.4	58811.4	16919.7
4	32	406.3	894.6	123.4	80197.7	63066.2	12592.2
5	40	406.5	707.8	123.5	80244.5	60105.2	13706.5
6	48	405.5	773.4	123.2	80047.7	61035.4	11981.0
7	56	406.5	825.2	123.4	80235.0	61979.0	10652.2
8	64	406.5	626.3	123.4	80207.5	58782.3	11575.4
9	72	406.5	858.3	123.4	80242.1	62511.5	8869.7
10	80	405.9	1272.0	123.3	80115.3	69053.1	5123.6

续表 8-7

时间 /a	开采体 序号	矿石产量 /10^4t	废石剥离量 /10^4t	精矿产量 /10^4t	精矿销售额 /10^4¥	成本 /10^4¥	净现值 /10^4¥
11	88	406.1	1184.5	123.3	80160.6	67682.2	5351.8
12	96	405.7	651.7	123.2	80089.9	59114.8	8329.5
13	104	405.7	581.9	123.2	80080.2	57991.8	8121.9
14	112	405.9	561.5	123.3	80124.5	57691.2	7637.7
15	120	406.6	594.7	123.5	80272.0	58313.2	6922.3
16	128	406.1	488.4	123.3	80167.1	56547.7	6894.3
17	136	406.4	384.4	123.4	80228.1	54922.0	6839.5
18	140	202.6	123.5	61.5	39987.8	26285.2	3429.1
合计		7105.5	12251.2	2157.9	1402625.3	1170429.2	63624.8

比较表 8-6 和表 8-2 还可以看出，精矿价格从 700 元/吨下降为 650 元/吨，使所有境界的最佳生产能力都降低了，而且表 8-6 中最佳生产能力从境界 9 开始就转为下降。

上述三种不同精矿价格条件下的总净现值随境界的变化曲线如图 8-2 所示。可以看出，随着价格的增高，曲线的峰值呈右移之势，即最佳境界随价格增长呈增大的趋势；而且峰值之前的曲线段的斜率随着价格的增高而变陡，说明精矿价位越高，总净现值在达到峰值之前随境界增大而提高的速率趋于加快。按照这一趋势可以预见：精矿价格足够高时，最佳境界将是序列中的最大境界（境界 10）；精矿价格足够低时，最佳境界将是序列中的最小境界（境界 1）。

三种不同精矿价格条件下的最佳生产能力随境界的变化曲线如图 8-3 所示。图中的生产能力是每个境界的最佳生产计划中，各年矿石开采量的平均值，最后一年若不是整数年，就不参与平均值的计算。可以看出：

（1）所有境界的最佳生产能力都随精矿价格的增加而增高了。不过，这只是对本例所设定的参数而言；如果精矿价格的增幅低到一定程度，一些或全部境界的最佳生产能力可能不会随精矿价格变化。所以只能说，一般的规律是：给定境界的最佳生产能力随精矿价格的增加有增高的趋势。

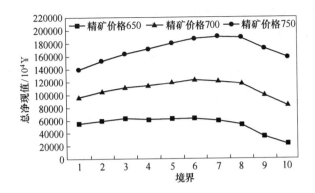

图 8-2 三种精矿价格条件下的总净现值随境界的变化

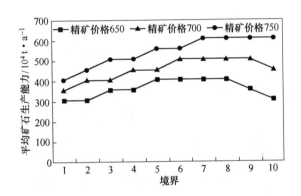

图 8-3 三种精矿价格条件下的最佳年矿石生产能力随境界的变化

（2）对于同一精矿价格且价位较低（650 元/吨或 700 元/吨）时，最佳生产能力先是随境界的增大而增加，而后随境界的增大而降低；价位较高（750 元/吨）时，最佳生产能力先是随境界的增大而增加，而后基本保持不变。可以预见，如果所考虑的最大境界比境界 10 大不少，精矿价格为 750 元/吨（甚至更高）时的最佳生产能力随境界的变化曲线也会出现下降段。因此，只要境界序列中最小和最大境界之间的增量足够大，对于给定的精矿价格，最佳生产能力随境界增大的变化趋势是先增高后降低；精矿价格越高，最高生产能力所对应的境界越大，即图 8-3 中曲线的峰值后移。

（3）就整体最佳方案而言，本例中的精矿价格增加 7.7%（从 650 元/吨增加到 700 元/吨），最佳方案的生产能力增加了约 25%（从表 8-7 中的约 400 万吨/年增加到表 8-3 中的约 500 万吨/年）；精矿价格增加 7.1%（从 700 元/吨增加到 750 元/吨），最佳方案的生产能力增加了约 20%（从表 8-3 中的约 500 万吨/年增加到表 8-5 中的约 600 万吨/年）。所以，最佳生产能力对于精矿价格的灵敏度是比较高的。

8.4.3 精矿价格和生产成本随时间变化对最佳方案的影响

以上分析中，精矿价格的变化发生在一开始（即时间 0 点），价格一经确定，在整个开采寿命期保持不变。也就是说，优化中假设所有技术经济参数是不随时间变化的。这一假设与现实情况相差较大。现实中，对开采方案进行优化时的经济条件是比较确定的，具有较高不确定性的是对未来矿产品价格和成本的预测。由于对未来一个较长时期中每年的矿产品价格和成本都作出预测很困难，所以往往是只对矿产品价格和成本在未来一个时期的变化趋势作出不同的预测，然后进行方案分析。这种条件下的优化结果及其分析结论对于最终方案的确定，较上述分析更具决策支持价值。矿产品价格和成本的变化趋势一般用它们的年增长率表示。

假设优化时精矿价格处于较低的价位，为 650 元/吨；在未来的一个较长时期（20 年左右），能源和人力成本会温和增长，带动单位生产成本温和增长，年增长率约 2%；未来的经济发展主格调是以提高增长质量为主要目标的经济结构转型升级，国内生产总值中高速增长，资本形成和重工业在经济中所占比例呈下降趋势，对铁矿石的需求呈温和增长趋势，铁精矿的价格也温和增长，年增长率约为 2.5%。这里需要澄清一个似乎有道理的误解：当价格和单位成本的增长率相近时，两者似乎相互抵消，相当于没有什么变化。事实上，即使精矿价格和单位成本的年增长率相等，年利润也比两者的增长率均为 0 时增长了。比如，精矿价格和单位成本的年增长率均为 2%，那么第 t 年的利润是两者的增长率均为 0 时的 1.02^t 倍。

依据上述粗略预测，取优化时的精矿价格（称之为*初始精矿价*

格）为 650 元/吨，其年增长率为 2.5%；初始成本和其他参数同前，单位采矿、剥岩和选矿成本（统称为**单位生产成本**）的年增长率均为 2.0%。针对这一条件重新优化后，各境界优化结果的主要指标见表 8-8。可见，整体最佳方案的境界是境界 6，其最佳生产计划见表 8-9（表中每年的精矿销售额和成本是涨价后的数据）。

表 8-8　各境界优化结果的主要指标

（初始精矿价格 = 650 ¥/t，精矿价格年增长率 = 2.5%，
生产成本年增长率 = 2.0%）

境界序号	矿石生产能力 /10^4t·a^{-1}	开采寿命 /a	总净现值 /10^4 ¥	总净现值比前一境界变化/%	总净现值比最佳境界变化/%
1	252.9 ~ 256.7	18	99525.0		− 23.16
2	302.1 ~ 305.4	16.67	109329.7	9.85	− 15.59
3	303.7 ~ 305.3	18.33	116449.7	6.51	− 10.09
4	303.9 ~ 306.1	20.00	119252.8	2.41	− 7.93
5	354.7 ~ 357.4	18.57	124326.1	4.25	− 4.01
6	**354.6 ~ 356.0**	**20.00**	**129521.3**	**4.18**	**0.00**
7	353.7 ~ 356.3	21.43	128815.3	− 0.55	− 0.55
8	349.9 ~ 356.0	22.86	125496.9	− 2.58	− 3.11
9	348.6 ~ 356.5	24.29	108533.0	− 13.52	− 16.20
10	300.8 ~ 305.2	30.00	95992.0	− 11.56	− 25.89

为了在比较中方便表述，把初始精矿价格为 D、精矿价格和生产成本年增长率分别为 r_d% 和 r_c% 的经济条件定义为**条件 D-r_d-r_c**。那么，**条件 650-0-0** 表示初始精矿价格为 650 元/吨、精矿价格和成本均不随时间变化（增长率均为 0），**条件 650-2.5-2.0** 表示初始精矿价格为 650 元/吨、精矿价格和生产成本的年增长率分别为 2.5% 和 2.0%，余者类推。

比较表 8-7 和表 8-9 可知，条件 650-2.5-2.0 下整体最佳方案的总净现值比条件 650-0-0 增加了 1 倍，所以价格和成本的增长率对经济效益有重要影响。虽然这两种条件下的最佳境界都是境界 6，但最佳方案的生产计划差别较大：条件 650-2.5-2.0 下的年矿石生产能力比条件 650-0-0 降低了，从约 400 万吨/年降到约 350 万吨/年，开采寿命相应地从 17.5 年延长到 20 年，开采顺序也自然不同。

表 8-9   整体最佳方案的生产计划

（初始精矿价格 = 650 ¥/t，精矿价格年增长率 = 2.5%，
生产成本年增长率 = 2.0%）

时间 /a	开采体 序号	矿石产量 /10⁴t	废石剥离量 /10⁴t	精矿产量 /10⁴t	精矿销售额 /10⁴¥	成本 /10⁴¥	净现值 /10⁴¥
0						109000.0	−109000.0
1	7	354.6	456.4	107.7	71753.7	50855.5	19350.1
2	14	355.0	492.7	107.8	73631.3	52526.2	18094.2
3	21	355.3	506.3	107.9	75518.8	53836.6	17212.1
4	28	354.8	701.5	107.9	77317.5	58239.8	14022.7
5	35	356.0	742.6	108.1	79498.1	60278.8	13080.3
6	42	355.4	595.5	107.9	81368.0	58759.5	14247.2
7	49	355.1	723.4	107.8	83314.7	62238.1	12298.0
8	56	355.5	705.6	108.0	85498.8	63208.0	12043.0
9	63	355.6	547.2	108.0	87662.3	61458.1	13108.6
10	70	355.5	698.4	108.0	89828.3	65621.7	11212.4
11	77	355.6	961.4	108.0	92097.1	72180.8	8541.8
12	84	354.9	1363.1	107.8	94210.6	81666.3	4981.5
13	91	355.4	623.1	107.9	96718.2	68071.0	10533.5
14	98	354.9	550.9	107.8	98991.1	67824.6	10611.0
15	105	354.8	501.6	107.8	101444.0	68108.5	10508.7
16	112	355.4	490.8	107.9	104133.4	69318.5	10162.1
17	119	355.7	509.5	108.0	106835.6	71179.6	9636.7
18	126	355.6	481.8	108.0	109479.1	71954.6	9390.5
19	133	355.1	341.2	107.9	112074.3	70039.1	9740.1
20	140	355.3	258.6	107.9	114937.8	69509.0	9746.7
合计		7105.5	12251.2	2157.9	1836312.9	1405874.3	129521.3

比较表 8-8 和表 8-6 可知，除境界 2、境界 9 和境界 10 外，其他 7 个境界在条件 650-2.5-2.0 下的最佳生产能力均比条件 650-0-0 降低了。这一结果有些出乎预料。当精矿价格和生产成本的年增长率均为 0 时，从图 8-3 可以看出，初始精矿价格的增高使最佳生产能力提高

了。经济条件从 650-0-0 变为 700-0-0 和从 650-0-0 变为 650-2.5-2.0，都使年利润比变化前增加了。为什么两种变化对最佳生产能力的影响相反呢？原因在于：

（1）当精矿价格和成本均不随时间变化时，精矿价格的增加（如经济条件从 650-0-0 变为 700-0-0）从第一年开始就对利润产生影响，一直持续到开采结束，而且每年单位精矿产量的利润增量与价格增加的比例成正比。因此，提高年精矿产量（即提高生产能力）、缩短开采寿命，可以把利润的增量前移，有利于提高总净现值。但选厂基建投资随生产能力的提高而增加，致使生产能力不能过度提高。结果是最佳生产能力适度上升了。

（2）当初始精矿价格和成本不变，两者均随时间上涨（尤其是前者增速大于后者）时，正如经济条件从 650-0-0 变为 650-2.5-2.0，年利润的增幅是以指数函数随着时间的推移而增大的，初期的年利润增幅很小，末期的年利润增幅就很可观。这样，采用较低的生产能力、较长的开采寿命，既可以利用年利润增幅的不断增加而不至于净现值大幅降低，又可以节省选厂的基建投资。结果是最佳生产能力适度下降了。

8.5 境界和生产计划整体优化与单独优化的对比

本章给出的境界和生产计划的整体优化方法，与境界和生产计划单独优化相比是否具有优越性，可以通过比较相同条件下的整体优化方案和单独优化方案来验证。单独优化就是先以总利润最大为目标函数优化境界，而后在得到的境界中以总净现值最大为目标函数优化生产计划，这也是迄今为止实践中常用的方法。我们就精矿价格为 650元/吨、700 元/吨和 750 元/吨三种情形（其他技术经济参数不变，价格与成本的增长率均为 0），对上述案例中的同一矿床进行了单独优化。下面是单独优化结果与相同条件下的上述整体优化结果的对比分析。

精矿价格为 650 元/吨时，整体优化与单独优化得到的最佳方案的对比见表 8-10。整体优化方案的总净现值比单独优化方案高14.9%；单独优化方案的境界比整体优化方案的境界扩大了不少，矿岩总量增加了27.8%；两个方案的年矿石生产能力基本相同，都为约400万吨。

表8-10 境界和生产计划整体优化方案与单独优化方案比较

（精矿价格 = 650 ¥/t，价格与成本增长率均为0）

	整体优化方案			单独优化方案		
	境界矿岩总量：19356.7 × 10⁴ t			境界矿岩总量：24730.1 × 10⁴ t		
时间 /a	矿石产量 /10⁴t	废石剥离量 /10⁴t	净现值 /10⁴¥	矿石产量 /10⁴t	废石剥离量 /10⁴t	净现值 /10⁴¥
0			−121750.0			−122250.0
1	405.2	520.8	21323.9	409.2	524.2	21558.7
2	405.8	570.5	19104.8	406.8	570.5	19168.3
3	405.9	631.4	16919.7	406.6	646.8	16767.2
4	406.3	894.6	12592.2	405.7	837.7	13229.3
5	406.5	707.8	13706.5	406.5	854.6	12052.9
6	405.5	773.4	11981.0	405.8	796.5	11760.7
7	406.5	825.2	10652.2	406.9	1090.8	8193.7
8	406.3	626.5	11575.4	405.8	1580.0	3310.1
9	406.5	858.3	8869.7	405.2	1368.8	4732.6
10	405.9	1272.0	5123.6	406.2	741.3	9067.3
11	406.1	1184.5	5351.8	407.0	736.7	8453.9
12	405.7	651.7	8329.5	405.8	780.1	7516.1
13	405.7	581.9	8121.9	406.6	841.5	6621.0
14	405.9	561.5	7637.7	406.9	939.1	5607.5
15	406.6	594.7	6922.3	406.5	955.1	5101.1
16	406.1	488.4	6894.3	406.1	980.7	4595.4
17	406.6	384.4	6839.5	405.8	884.7	4661.9
18	202.6	123.5	3429.1	405.9	752.7	4848.9
19				406.1	579.5	5134.2
20				356.2	192.0	5256.3
合计	7105.5	12251.2	63624.8	8076.5	16653.6	55387.3

精矿价格为 700 元/吨时，整体优化与单独优化得到的最佳方案的对比见表 8-11。整体优化方案的总净现值比单独优化方案高 12.1%；单独优化方案的境界比整体优化方案的境界扩大的更多，矿岩总量增加了 45.2%；两个方案的年矿石生产能力基本相同，都为约 500 万吨。

表 8-11 境界和生产计划整体优化方案与单独优化方案比较

(精矿价格 = 700 ¥/t, 价格与成本增长率均为 0)

整体优化方案				单独优化方案			
境界矿岩总量: 19356.7×10^4 t				境界矿岩总量: 28113.1×10^4 t			
时间/a	矿石产量/10^4t	废石剥离量/10^4t	净现值/10^4¥	矿石产量/10^4t	废石剥离量/10^4t	净现值/10^4¥
0			-147000.0			-147000.0
1	506.8	649.9	33820.4	488.7	645.6	32332.8
2	507.3	731.5	30230.4	507.2	739.4	30119.0
3	507.4	986.1	24770.0	508.2	937.7	25440.2
4	508.2	957.6	23321.9	507.8	1221.9	20187.8
5	507.2	1017.2	20881.1	507.9	1367.0	17118.6
6	507.9	900.9	20549.5	508.0	1553.6	13977.2
7	508.0	926.0	18796.5	507.2	2433.8	4681.0
8	507.6	1511.2	12326.4	508.2	1167.2	15332.7
9	507.5	1350.5	12696.3	507.6	1036.0	15219.2
10	507.0	783.9	15934.5	507.2	1105.3	13558.9
11	507.2	707.4	15286.0	507.4	1223.1	11755.9
12	508.2	732.6	14032.4	506.9	1788.5	7257.7
13	507.4	582.8	13843.2	507.6	1898.6	6110.7
14	507.8	413.5	13752.5	507.5	847.7	11380.4
15				507.5	660.1	11483.4
16				508.4	528.2	11271.5
17				456.4	400.2	9689.0
合计	7105.5	12251.2	123241.4	8559.5	19553.6	109916.0

精矿价格为 750 元/吨时，整体优化与单独优化得到的最佳方案的对比见表 8-12。整体优化方案的总净现值比单独优化方案高

7.4%；单独优化方案的境界矿岩总量比整体优化方案的境界增大了39.2%；两个方案的年矿石生产能力基本相同，都为约600万吨。

表8-12　境界和生产计划整体优化方案与单独优化方案比较

（精矿价格 = 750 ¥/t，价格与成本增长率均为0）

整体优化方案			单独优化方案		
境界矿岩总量：22011.1×10⁴t			境界矿岩总量：30648.3×10⁴t		
时间 /a	矿石产量 /10⁴t	废石剥离量 /10⁴t	净现值 /10⁴¥	矿石产量 /10⁴t	废石剥离量 /10⁴t	净现值 /10⁴¥
0			-172500.0			-172500.0
1	607.5	794.6	48850.9	605.9	811.5	48436.8
2	610.1	923.8	43698.1	609.8	967.2	43071.1
3	609.3	1313.5	35446.2	608.8	1366.2	34728.9
4	608.7	1250.4	33508.4	609.0	1626.4	29117.3
5	608.9	1681.4	26349.1	609.3	2420.3	18333.2
6	609.3	1795.1	23281.6	608.8	2665.2	14479.1
7	608.8	1107.1	27945.6	609.3	1526.7	24059.8
8	609.2	1179.8	25273.4	609.8	1531.9	22260.3
9	609.2	1286.7	22543.2	609.5	1923.6	17463.9
10	609.5	1139.7	21979.2	608.4	2653.6	10706.1
11	608.5	992.9	21313.7	609.0	1213.6	19822.2
12	608.2	701.6	21572.5	609.3	1000.8	19716.6
13	304.4	232.7	10691.4	609.0	868.1	19025.4
14				609.2	745.2	18292.1
15				355.3	447.7	9811.3
合计	7611.7	14399.4	189953.2	8880.4	21767.9	176824.2

从以上比较可以看出：

（1）整体优化方案的总净现值在不同的精矿价格条件下都比单独优化方案有较显著的提高。本章提出的整体优化方法在道理上很简单，即对一系列候选境界进行生产计划优化，选出总净现值最大的境界及其生产计划，就得到了整体最佳方案。该方法的关键是候选境界的选择。本章在方法上的贡献在于提出了以"地质最优境界"作为候选境界，虽然没有在理论上证明使总净现值最大的境界一定是地质最优境界，但以上案例表明了该方法的正确性。

（2）在三种不同的精矿价格条件下，整体优化方案的境界都比单独优化方案的境界小。这应该是一般规律，其产生的根本原因是两种方法关于境界决策的目标函数不同，即整体优化中，境界决策的目标函数是总净现值最大，而在单独优化中是总利润最大。由于工作帮坡角远小于最终帮坡角，较大境界比较小境界多出来的废石量并不是在后者开采完毕后的延长时段剥离，而是提前很多年就开始剥离，所以从较早的年份开始，较大境界大部分年份的利润就由于生产剥采比的升高而降低了。虽然较大境界的盈利年数和利润总额可能比较小境界增加了，但折现后的总净现值还是有可能降低。而以总利润最大为目标函数时，利润在各年的分布对目标函数没有影响。图 8-4 就说明了这一点，该图是精矿价格为 700 元/吨时，整体优化方案与单独优化方案的年利润对比。可以看出，从第 4 年开始，除个别年份外，单独优化方案的年利润均低于整体优化方案的年利润；虽然单独优化方案的利润总额（不计基建投资）比整体优化方案高（前者为 48.0 亿元，后者为 46.2 亿元），但前者的总净现值却比后者低。这表明，先优化境界而后在境界中优化生产计划，一般情况下是得不到使投资收益率最高的最佳方案的。

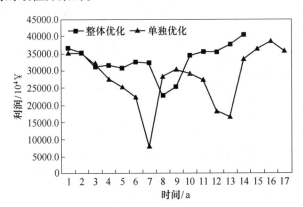

图 8-4　整体优化方案与单独优化方案的年利润对比

（精矿价格 = 700 ¥/t）

8.6   小结

本章阐述了露天矿境界和生产计划的同时优化方法及其算法。这一整体优化方法的基本原理很简单，其主要贡献在于提出了以一系列地质最优境界作为候选境界的优化思想。不同经济条件下的案例应用，证明了该方法的正确性及其算法的有效性。

最终境界、生产能力和开采顺序对一个露天开采项目的投资收益至关重要，是规划设计中需要确定的最重要的方案要素。在我国的露天矿设计实践中，这些要素是分别确定和设计的。一般做法是：首先由矿山开采权拥有者提出设计生产能力，然后由设计院按给定的生产能力进行开采方案设计。设计中先圈定最终境界，而后在境界中作出符合生产能力要求的采剥计划。然而，从本章的案例分析可以看出，最终境界、生产能力和开采顺序是相互作用的一个整体。即使在上述一般做法中的每一步都应用了某种优化方法，这种分步单独优化在绝大多数情况下也得不到最佳方案。采矿业科学发展的一个重要标志就是开采方案的科学决策。本章提出的整体优化方法可以为露天矿开采方案的科学决策提供有力的技术支持。

本章用较大的篇幅进行案例分析，一是为了展示整体优化的必要性；二是为了揭示开采方案随一些重要经济参数的变化趋势，这种分析可以指明如果技术经济条件发生了某种变化，最佳方案会向什么方向变化及其变化的幅度大小，这本身就是投资风险分析的一部分，可以为寻求一个能够在投资风险和投资收益间达成有效平衡的最终开采方案，提供有价值的决策参考。同时，通过案例分析还想向读者表明，矿山的优化设计绝不是购置一套优化软件、输入所要求的数据、得出个运行结果就可以了，而是需要投入大量的时间收集、提取和加工输入数据，并对运行结果进行全面深入的分析——不仅需要分析当不确定性较高的参数取不同数值时优化结果出现的变化，而且需要能够理解和解释优化结果及其随某些参数的变化，能够评价优化结果的合理性并发现不合理之处及其产生的原因。只有这样，才能使优化方法和优化软件成为设计者的有效而有力的工具；否则，优化只是个"垃圾入、垃圾出"的黑匣子。

9　分期开采优化

如第 2 章所述，分期开采就是将最终境界划分为若干个称为
"分期境界"的中间境界，在向下一个分期过渡之前，工作台阶只推
进到当前分期境界。在适当的时候开始采剥当前分期境界与下一分期
境界之间的矿岩，进行分期扩帮过渡，一直到最后一个分期境界
（即最终境界）开采完毕。

设计一个采用分期开采的露天矿，需要确定的开采方案要素主要
包括分期数、分期境界（包括最终境界）和分期开采计划。本书把
分期数和分期境界统称为**分期方案**。本章分为两大部分：第一部分基
于第 8 章中的"地质最优境界"概念，提出优化分期方案的地质最
优境界动态排序法；第二部分提出优化分期开采计划的台阶动态排序
法。

9.1　分期方案优化原理

从分期开采的定义和一般理解看，分期境界的圈定似乎是以最终
境界为先决条件的，即首先圈定最终境界，而后将最终境界划分为合
适数目的分期境界。国外在分期开采设计实践中，也常常是这么做
的。然而，把最终境界和中间境界分步单独优化，得不到整体最佳的
分期方案，这与在全境界开采方式下单独优化最终境界和生产计划得
不到整体最佳方案类似。从露天开采的时空发展逻辑看，最终境界是
经过若干个分期的开采所得到的最终结果，而不是前提。也就是说，
分期开采是从第一分期开始逐分期开采、过渡，直到某个分期境界
时，进一步扩大开采范围不再对总效益有正的贡献，这一分期境界即
为最终境界。因此，应该把最终境界视作分期境界之一，与其他分期
境界（中间境界）一起作为优化中的决策变量进行同时优化，而不
是先行给定或先行优化最终境界。另外，基于类似的理由，分期数也
应该是优化中的决策变量，与各分期境界同时优化。只有这样，才有

可能得到整体最佳的分期方案。

对于任一分期，都有多个位置、形状、大小不同的境界可供考虑。以第一分期为例，假如考虑的该分期的矿石总量为 Q、矿岩总量为 T，不难想象，矿床中存在多个满足这一矿量和矿岩量要求的境界。那么，究竟用哪个境界呢？即使不进行经济核算，也自然会想到：最好是选择所有那些矿石量为 Q、矿岩总量为 T 的境界中，矿石含有的金属量最大的那个境界，亦即第 8 章中定义的对于 T 和 Q 的**地质最优境界**。对于第二分期，以同样的道理，应该考虑对应于两个分期的累积矿量和累积矿岩量的地质最优境界。以此类推到每个分期。

因此，分期境界优化的基本思路是：首先对于一系列的矿、岩量，产生一个地质最优境界序列，作为各分期境界的候选境界；然后对这些候选境界进行经济评价，确定最佳分期数以及每个分期应该选择序列中的哪个地质最优境界作为其分期境界，如此确定的最后一个分期境界同时也是最佳最终境界。

假设在矿床中产生了如图 9-1 所示的 6 个地质最优境界，从小到大排序后组成一个地质最优境界序列 $\{V^*\}_6 = \{V_1^*, V_2^*, V_3^*, V_4^*, V_5^*, V_6^*\}$。序列中的境界在量上是累积关系、在几何上是套嵌关系，即：对于 $j > i$，境界 V_j^* 的矿岩量包括境界 V_i^* 的矿岩量，境界 V_i^* 在几何上被完全包含在境界 V_j^* 之内。

依据上述讨论，图 9-1 中的地质最优境界就是每个分期可以考虑的最佳候选境界。比如：可以考虑以 V_1^* 或 V_2^* 作为第一分期的境界。如果第一分期的境界选择了 V_1^*，第二分期可以考虑以 V_2^* 或 V_3^* 作为其分期境界；如果第一分期的境界选择了 V_2^*，第二分期可以考虑以 V_3^*、V_4^* 或 V_5^* 作为其分期境界。以后各分期依此类推。

这样，分期境界的优化问题就被转换为一个"确定每一分期应该选择哪个地质最优境界作为其分期境界"的问题。由于开采过程是境界逐分期扩大（延深）的过程，所以，作为候选者的地质最优境界序列必须是一个完全套嵌的序列，即除序列中最后（最大的）一个境界外，任何一个境界都被完全包含在比它大的所有境界之内。

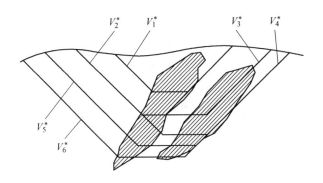

图 9-1　地质最优境界序列示意图

　　从地质最优境界序列中求解每个分期的最佳分期境界以及最佳分期数，可以通过地质最优境界的动态排序实现。下文中，为表述简洁，有时把"地质最优境界"简称为"境界"。以图 9-1 所示的境界序列为例，把序列中的 6 个境界置于如图 9-2 所示的动态排序网络中。图中的横轴代表阶段，每一阶段为一个分期，阶段总数为境界序列中的境界数；纵轴代表状态，一个阶段上的每个状态对应境界序列中的一个境界（在图中表示为一个圆圈），且从低到高境界越来越大。图中的每一条箭线代表从一个阶段的一个状态向下一个阶段的一个状态的转移。例如，从原点 0 到第 1 阶段的 V_2^* 的那条箭线表示：V_2^* 是第 1 分期考虑采用的一个分期境界；从第 1 阶段的 V_2^* 到第 2 阶段的 V_4^* 的那条箭线表示：如果第 1 分期的分期境界选择了 V_2^*，那么第 2 分期可能采用的一个分期境界为 V_4^*；余者类推。由于分期 t 的分期境界一定比前一分期 $t-1$ 的分期境界大，所以阶段 t 上的任一境界只能由前一阶段 $t-1$ 上的那些比它小的境界转移而来。因此，图 9-2 中所有箭线均指向右上方，且图的右下部分为空。

　　图 9-2 中的任何一条从原点 0 开始，沿着一定的箭线到达任何一个状态（境界）的路径，都代表一个可能的分期方案：路径终点所在阶段的序数为分期数；沿路径每一阶段上的境界为相应分期的分期境界；路径终点上的境界即为最终境界（最后分期的分期境界）。例如，图中点画箭线所示的路径 $0 \to V_2^* \to V_4^* \to V_5^*$ 所代表的分期方案

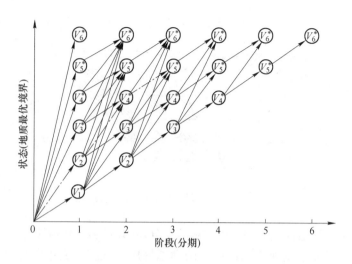

图9-2 地质最优境界动态排序网络图

是：分3期开采（因为路径终点在阶段3）；1、2、3分期的分期境界分别为 V_2^*、V_4^*、V_5^*。最终境界是 V_5^*。对所有路径进行某种形式的经济评价，找出经济效益最高的路径，就得到了最佳路径，即最佳分期方案，这一方案同时给出了最佳分期数和各分期的最佳分期境界，最后一个分期境界即为最佳最终境界。

9.2 分期方案优化模型

对图9-2中的所有路径（分期方案）进行经济评价的最好评价标准（即目标函数）是总净现值最大，因为总净现值反映了一个矿山的投资收益。计算一个分期方案的总净现值需要有该方案的生产计划。从理论上讲，可以对每条路径进行生产计划优化，从而得出分期开采的整体最佳方案。然而，对分期开采进行分期方案和生产计划的整体优化是不现实的，原因有二：

（1）从第6章和第7章可知，采用实用性强的枚举算法对全境界开采的生产计划进行一次优化就比较耗时，而本问题的路径数目大，对生产计划进行很多次（次数等于路径数）优化不太现实。

（2）分期开采的生产计划与全境界开采不同，由于涉及分期之间的过渡，而且过渡扩帮一般采用组合台阶开采，扩帮工作台阶一般是沿扩帮带保持合理的超前关系推进（见第2章的图2-17），所以难以采用地质最优开采体表述工作帮的推进，也就无法通过地质最优开采体的动态排序来优化分期开采的生产计划。在理论上，可以以矿床模型中的模块作为决策单元，建立一个线性规划（一般是整数规划或混合规划）模型，求解每一分期境界的每一模块的开采时间。但是，由于模块数量巨大，模型的变量数和约束方程数都很巨大，直接求解几乎是不可能的。如第1章所述，一些研究者基于这样的一个基本模型，想了很多办法来缩减模型的规模、提高求解效率，但迄今为止这一问题仍然没有得到较好的解决。

退而求其次，只好对问题进行简化：一是假设矿石生产能力已定；二是不考虑分期间的过渡，每个分期都只开采本分期的矿岩，即分期境界1中的矿岩全部在第一分期开采，分期境界1和分期境界2之间的矿岩全部在第二分期开采，以此类推；三是把一个分期的总利润平均分配到该分期开采期的每一年；四是不考虑基建投资。这样简化后，可以用动态规划求解图9-2中的最佳路径，即最佳分期方案。下面是在上述简化条件下求解这一问题的动态规划数学模型。模型中的变量符号定义如下：

$\{V^*\}_N$：由 N 个地质最优境界组成的序列；

Q_i^*：考虑了开采中矿石回采率和废石混入后，序列 $\{V^*\}_N$ 中第 i 个境界 V_i^* 的矿石量，即 V_i^* 的采出矿石量；

W_i^*：考虑了开采中矿石回采率和废石混入后，序列 $\{V^*\}_N$ 中第 i 个境界 V_i^* 的废石量，即 V_i^* 的采出废石量；

M_i^*：Q_i^* 中含有的金属量；

D_t：阶段 t 的精矿价格，可以是常数；

c_m：矿石的单位开采成本；

c_w：废石的单位剥离和排弃成本；

c_p：选厂的单位选矿成本，即处理 1 吨入选矿石的成本；

r_p：选厂的金属回收率；

g_p：精矿品位；

A：矿石年开采能力，亦即选厂设计处理能力；

d：可比价格折现率；

$Y_{t,i}$：从时间 0 点沿最佳路径到达阶段 t 上的境界 V_i^* 的时间总长度；

$NPV_{t,i}$：沿最佳路径到达阶段 t 上的境界 V_i^* 的累积净现值。

　　一般地，考虑阶段 t 上的境界（即状态）V_i^*，它可以从前一阶段 $t-1$ 上比 V_i^* 小的那些境界转移而来（参见图 9-2），后者称为前者的**前置状态**。当阶段 t 上的 V_i^* 是从阶段 $t-1$ 上的境界 V_j^*（$t-1 \leqslant j \leqslant i-1$）转移而来时，第 t 阶段（即第 t 分期）采出的矿石量记为 $q_{t,i}(t-1,j)$，其中的金属量记为 $m_{t,i}(t-1,j)$，剥离的废石量记为 $w_{t,i}(t-1,j)$，它们的计算式为：

$$q_{t,i}(t-1,j) = Q_i^* - Q_j^* \tag{9-1}$$

$$m_{t,i}(t-1,j) = M_i^* - M_j^* \tag{9-2}$$

$$w_{t,i}(t-1,j) = W_i^* - W_j^* \tag{9-3}$$

这三个算式即为动态规划的状态转移方程。

　　$m_{t,i}(t-1,j)$ 是第 t 分期进入选厂的金属量，对应于这一状态转移的该分期的精矿产量为 $m_{t,i}(t-1,j)r_p/g_p$。假设矿山所属企业的最终产品为精矿，通过这一状态转移，第 t 分期实现的利润 $p_{t,i}(t-1,j)$ 为：

$$p_{t,i}(t-1,j) = \frac{m_{t,i}(t-1,j)r_p}{g_p}D_t - q_{t,i}(t-1,j)(c_m + c_p) - w_{t,i}(t-1,j)c_w \tag{9-4}$$

　　用 $y_{t,i}(t-1,j)$ 表示这一状态转移需要的时间长度，即开采和处理 $q_{t,i}(t-1,j)$、剥离 $w_{t,i}(t-1,j)$ 所需要的年数。假设矿石开采能力、剥岩能力和选厂处理能力完全匹配，那么有：

$$y_{t,i}(t-1,j) = \frac{q_{t,i}(t-1,j)}{A} \tag{9-5}$$

　　如果上述生产能力不完全匹配，需要分别计算采矿、剥岩和选矿所需的时间，$y_{t,i}(t-1,j)$ 取其中的最长者。

$y_{t,i}(t-1,j)$ 可能不是整数年，用 $L_{t,i}(t-1,j)$ 表示 $y_{t,i}(t-1,j)$ 的整数部分，$\delta_{t,i}(t-1,j)$ 表示其小数部分。那么，$L_{t,i}(t-1,j)$ 中每一年的平均利润 $a_{t,i}(t-1,j)$ 为：

$$a_{t,i}(t-1,j) = \frac{p_{t,i}(t-1,j)}{y_{t,i}(t-1,j)} \tag{9-6}$$

小数部分 $\delta_{t,i}(t-1,j)$ 的利润 $b_{t,i}(t-1,j)$ 为：

$$b_{t,i}(t-1,j) = p_{t,i}(t-1,j) - a_{t,i}(t-1,j)L_{t,i}(t-1,j) \tag{9-7}$$

按照这一状态转移，从时间 0 点到第 t 分期开采结束的时间总长度 $Y_{t,i}(t-1,j)$ 为：

$$Y_{t,i}(t-1,j) = Y_{t-1,j} + y_{t,i}(t-1,j) \tag{9-8}$$

式中，$Y_{t-1,j}$ 为从时间 0 点沿最佳路径到达前一阶段 $t-1$ 上的境界 V_j^* 的时间总长度，在评价前一阶段的各状态时已经计算过，是已知的。

这样，当阶段 t 上的境界 V_i^* 是从阶段 $t-1$ 上的境界 V_j^* 转移而来时，经过 t 个阶段（t 个分期）的生产，实现的累积净现值 $NPV_{t,i}(t-1,j)$ 为：

$$NPV_{t,i}(t-1,j) = NPV_{t-1,j} +$$

$$\frac{a_{t,i}(t-1,j)\dfrac{(1+d)^{L_{t,i}(t-1,j)}-1}{d(1+d)^{L_{t,i}(t-1,j)}} + \dfrac{b_{t,i}(t-1,j)}{(1+d)^{y_{t,i}(t-1,j)}}}{(1+d)^{Y_{t-1,j}}}$$

$$\tag{9-9}$$

式中，$NPV_{t-1,j}$ 为沿最佳路径到达前一阶段 $t-1$ 上的境界 V_j^* 的累积净现值，在评价前一阶段的各状态时已经计算过，是已知的。

从图9-2可知，阶段 t 上的境界 V_i^* 可以从前一阶段 $t-1$ 上的多个境界转移而来，不同的转移导致第 t 分期的矿量、金属量和废石量不同（式 (9-1) ~ 式(9-3)）；实现的利润、分期的开采时间长度和到分期末的时间总长度不同（式 (9-4) ~ 式(9-8)）；由式 (9-9) 计算的阶段 t 上境界 V_i^* 处的累积净现值也不同。具有最大累积净现值的那个状态转移是**最佳状态转移**（即动态规划中的"最优决策"），该转移对应的前置状态为**最佳前置状态**。因此，有如下递归目标函数：

$$NPV_{t,i} = \max_{j \in [t-1, i-1]} \{NPV_{t,i}(t-1,j)\} \tag{9-10}$$

时间 0（初始状态）处的初始条件为：

$$\begin{cases} M_0^* = 0 \\ Q_0^* = 0 \\ W_0^* = 0 \\ Y_{0,0} = 0 \\ NPV_{0,0} = 0 \end{cases} \quad (9\text{-}11)$$

运用以上各式，从阶段 1 开始，逐阶段评价每个阶段上的所有状态（境界），直到所有阶段上的所有状态被评价完毕，就得到了所有阶段上的所有状态处的最佳状态转移和累积净现值。然后，在**所有状态**中找出累积净现值最大者，这一状态所在的阶段的序数即为最佳分期数，这一状态所对应的境界即为最佳最终境界（最后一个分期境界）。从这一状态开始，逆向追踪最佳状态转移（最佳前置状态），直到第一阶段，就得到了最优路径，即最佳分期方案，在动态规划中称为"最优策略"。这一最优路径上各阶段的境界就是相应分期的最佳分期境界。这是一个"全开端"的顺序动态规划模型。

9.3 分期方案优化算法

用上述模型优化分期方案，首先需要产生一个地质最优境界序列 $\{V^*\}_N$。这一序列的产生算法与第 8 章 8.2 节的算法完全相同。不过，在运行该算法时输入的两个控制参数有所不同：

一个参数是序列 $\{V^*\}_N$ 中最小境界 V_1^* 的含矿量 Q_1^*。在这里，Q_1^* 应该按可能的最小分期矿量确定。分期开采中，如果分期矿量太小，一个分期的开采时间短（隐含着分期数多），以至于当前分期刚开采不久（甚至是刚开始）就得开始向下一分期过渡，这样会使生产组织变得复杂，除非矿床条件适合于第 2 章图 2-18 所示的"连续扩帮开采"，所以分期矿量一般不应小于 5 年的开采量。另一方面，如果分期矿量太大，一个分期的开采时间长（隐含着分期数少），就难以发挥分期开采在降低初期剥岩量和投资风险的优势。因此，Q_1^* 在一般情况下可设置为 5 ~ 10 年的矿石产量。不过，不要有 Q_1^* 就是分期方案第一分期的矿量这样的误解。从上述优化原理和模型可知，优化所得的最佳分期方案中，第一分期的分期境界可能不是 V_1^*，而是比它大的其他某个境界（比如 V_2^* 或 V_3^*），Q_1^* 是第一分期矿量的下限。

另一个参数是序列 $\{V^*\}_N$ 中相邻境界之间的矿石增量 ΔQ。从上述优化原理和模型可知，ΔQ 决定了任意一个分期所考虑的不同分期境界之间的差别，这一差别越小，优化中为同一分期所考虑的分期境界就越多，就越不易漏掉最佳分期境界。因此，在理论上，ΔQ 越小越好。然而，这一差别太小没有实际意义。比如，某个分期所考虑的两个分期境界之间，矿量只相差 0.2 年的产量，这两个不同的分期境界对总体经济效益的影响不会有不可忽视的差别，即选取其中的哪个是无所谓的。因此，ΔQ 取年矿石生产能力就足够小了，一般可以取年矿石生产能力的 1～3 倍。

优化中还可为分期矿量设置一个上下限（分别记为 Q_U 和 Q_L），以使优化结果更为合理。这一上下限可以依据合理分期开采时间设置。比如，根据矿床的储量规模及其他考虑，一个分期的开采时间最短不应少于 5 年、最长不应多于 12 年，那么 $[Q_L,\ Q_U]=[5A,\ 12A]$，A 是给定的年矿石生产能力。根据需要，也可为分期矿岩总量设置一个上限 T_U。在下面的算法中，如果某个状态转移所产生的分期矿量不在区间 $[Q_L,\ Q_U]$ 之内，或分期矿岩总量大于 T_U，该状态转移被视为不可行。

假设依据上述讨论已经应用第 8 章 8.2 节的算法得到了地质最优境界序列 $\{V^*\}_N$，并设置了 Q_L、Q_U 和 T_U。分期方案的优化算法如下：

第 1 步：定义一个 $N\times N$ 的二维"阶段－状态数组"，数组的列为阶段、行为状态，列和行的序数均为 1～N。为表述方便，把数组中位于第 t 列、第 i 行的元素称为"状态 $S_{t,i}$"。对于每一阶段（列）t，当状态（行）序数 i 满足 $t\leq i\leq N$ 时，状态 $S_{t,i}$ 所对应的境界为序列 $\{V^*\}_N$ 中第 i 个境界 V_i^*；当 $i<t$ 时，$S_{t,i}$ 所对应的境界为空（参见图 9-2）。$t=0$ 时，阶段 0 只有一个状态，即初始状态 0（图 9-2 的原点），记为 $S_{0,0}$，该状态不属于阶段－状态数组。设置初始状态处的初始条件为 $Q_0^*=0$、$M_0^*=0$、$W_0^*=0$、$Y_{0,0}=0$、$NPV_{0,0}=0$。

第 2 步：置当前阶段序数 $t=1$（第 1 分期）。

第 3 步：置当前状态序数 $i=1$。

第 4 步：当前状态 $S_{t,i}$ 所对应的境界为 V_i^*，按式（9-1）~ 式(9-3) 计算从初始状态 $S_{0,0}$（图9-2 的原点）转移到状态 $S_{t,i}$，第 1 阶段（第 1 分期）的矿石量 $q_{t,i}(t-1,j)$、矿石里的金属量 $m_{t,i}(t-1,j)$ 和废石量 $w_{t,i}(t-1,j)$，这时，$t-1$ 和 j 均等于 0。状态 $S_{t,i}$ 的累积净现值初始化为 $NPV_{t,i}=-1.0\times10^{30}$，状态 $S_{t,i}$ 初始化为"不可行"。

第 5 步：判别这一状态转移的可行性。

（1）如果 $q_{t,i}(t-1,j)<Q_L$ 且 $q_{t,i}(t-1,j)+w_{t,i}(t-1,j)\leqslant T_U$，这一状态转移的矿石量小于分期矿量的下限，是不可行的，转到第 7 步。

（2）如果 $Q_L\leqslant q_{t,i}(t-1,j)\leqslant Q_U$ 且 $q_{t,i}(t-1,j)+w_{t,i}(t-1,j)\leqslant T_U$，这一状态转移是可行的，执行第 6 步。

（3）如果 $q_{t,i}(t-1,j)>Q_U$ 或 $q_{t,i}(t-1,j)+w_{t,i}(t-1,j)>T_U$，这一状态转移的矿石量或矿岩量大于设定的上限，是不可行的，转到第 8 步。

第 6 步：按式（9-4）~ 式(9-10) 计算这一状态转移的利润、时间长度和净现值 $NPV_{t,i}$，由于对于 $t=1$，状态 $S_{t,i}$ 只能从初始状态 $S_{0,0}$（图9-2 的原点）这一个状态转移而来，所以式（9-9）和式（9-10）是一回事。把状态 $S_{t,i}$ 标记为"可行"，状态 $S_{t,i}$ 的最佳前置状态记录为初始状态 $S_{0,0}$。

第 7 步：如果 $i<N$，置 $i=i+1$，回到第 4 步，评价第 1 阶段的下一个状态；否则，执行下一步。

第 8 步：至此，阶段 1（第一分期）的所有状态评价完毕。如果该阶段至少有一个可行状态，执行下一步；否则，无解退出。

第 9 步：置当前阶段序数 $t=t+1$。

第 10 步：置当前状态序数 $i=t$。（$i<t$ 的状态均为空，不用考虑。）

第 11 步：当前状态 $S_{t,i}$ 所对应的境界为 V_i^*。初始化该状态处的累积净现值为 $NPV_{t,i}=-1.0\times10^{30}$，初始化该状态为"不可行"。

第 12 步：置前一阶段 $t-1$ 的状态序数 $j=t-1$，即从前一阶段的最低非空状态开始，向状态 $S_{t,i}$ 转移，状态 $S_{t-1,j}$ 对应的境界为 V_j^*。

第 13 步：如果状态 $S_{t-1,j}$ 为可行状态，执行下一步；否则，转到第 17 步。

第 14 步：按式（9-1）~ 式（9-3）计算从状态 $S_{t-1,j}$ 转移到状态 $S_{t,i}$，第 t 阶段（即第 t 分期）的矿石量 $q_{t,i}(t-1,j)$、矿石里的金属量 $m_{t,i}(t-1,j)$ 和废石量 $w_{t,i}(t-1,j)$。

第 15 步：判别这一状态转移的可行性。

（1）如果 $q_{t,i}(t-1,j) < Q_L$ 且 $q_{t,i}(t-1,j) + w_{t,i}(t-1,j) \leqslant T_U$，这一状态转移的矿石量小于分期矿量的下限，是不可行的，转到第 18 步。

（2）如果 $Q_L \leqslant q_{t,i}(t-1,j) \leqslant Q_U$ 且 $q_{t,i}(t-1,j) + w_{t,i}(t-1,j) \leqslant T_U$，这一状态转移是可行的，执行第 16 步。

（3）如果 $q_{t,i}(t-1,j) > Q_U$ 或 $q_{t,i}(t-1,j) + w_{t,i}(t-1,j) > T_U$，这一状态转移的矿石量或矿岩量大于设定的上限，是不可行的，转到第 17 步。

第 16 步：按式（9-4）~ 式（9-9）计算这一状态转移的利润、时间长度和累积净现值 $NPV_{t,i}(t-1,j)$，并把状态 $S_{t,i}$ 标记为"可行"。如果 $NPV_{t,i}(t-1,j) > NPV_{t,i}$，置 $NPV_{t,i} = NPV_{t,i}(t-1,j)$，并把状态 $S_{t,i}$ 的最佳前置状态记录为状态 $S_{t-1,j}$；否则，$NPV_{t,i}$ 和最佳前置状态均不变。

第 17 步：如果 $j < i-1$，置 $j = j+1$，返回到第 13 步；否则，执行下一步。

第 18 步：至此，完成了对状态 $S_{t,i}$ 的评价，即评价了从前一阶段 $t-1$ 的所有状态到该状态的状态转移。若状态 $S_{t,i}$ 为可行状态，就得到了到达该状态的最大累积净现值和该状态的最佳前置状态。如果 $i < N$，置 $i = i+1$，返回到第 11 步（开始评价阶段 t 的下一个状态）；否则，执行下一步。

第 19 步：阶段 t 的所有状态评价完毕。如果 $t < N$，返回到第 9 步，开始评价下一个阶段的状态；否则，执行下一步。

第 20 步：所有阶段的所有状态评价完毕。在阶段 – 状态数组的**所有可行状态** $S_{t,i}$ 中，找到累积净现值最大的那个状态，它是**最佳终了状态**，该状态所在的阶段序数即为最佳分期数，该状态对应的境界即为最佳最终境界。从最佳终了状态开始，逐阶段反向搜索其最佳前置状态，直到初始状态（原点 0），就得到了最佳路径（即最佳分期方案），沿路径各阶段上的境界即为相应分期的最佳分期境界。输出最佳分期方案的相关参数，算法结束。如果阶段–状态数组中没有可行状态，则无解退出。

如果在执行算法中出现"无解退出"，最有可能是因为分期矿量的上、下限或矿岩总量上限的设置"太紧"，应放宽这些限制，重新优化；也有可能是相邻境界之间的矿石增量 ΔQ 设置太大，需要以更小的增量重新产生地质最优境界序列，重新优化；也许需要对两者都作出调整。总之，出现无解时，应该仔细审查所产生的境界序列中所有境界的矿量、岩量及其增量以及它们与 Q_L、Q_U 和 T_U 的对比，找出无解的原因，采取相应措施。

如果优化得到的最佳分期方案中，最终境界（最后一个分期境界）是所产生的境界序列 $\{V^*\}_N$ 中的最大境界 V_N^*，说明最佳最终境界有可能是一个更大的境界。这就需要在产生境界序列的算法中，优化一个更大的最大境界，重新产生一个境界序列，重新优化分期方案。不过，如果 V_N^* 已经包含了矿床的几乎全部探明储量，就没有必要扩大最大境界了。

另外，也许存在多个分期方案，它们的总净现值与总净现值最大的那个方案的总净现值相比相差无几，但其中的某个方案在其他方面（如分期境界边帮间的水平距离）比后者更为合理。所以，在设计优化软件时应具有输出多个最佳方案的功能（具体数量由用户设定），以便用户能够综合考虑各种因素，从中选择最合适的方案。

9.4　分期方案优化案例

该例中的露天矿是一大型铁矿，虽已开采多年，但尚未开采的储量很大。矿山采场现状的地表形态如图 9-3 所示。

矿床的品位模型含有约 200 万个模块，模块在水平面上是边长为 25m 的正方形，其高度等于台阶高度，238m 水平以上的台阶高度为 12m、以下为 15m。矿床模型的一个横剖面如图 9-4 所示，图中斜线充填的模块为矿石模块，其他为废石模块。各类岩性的矿岩原地容积

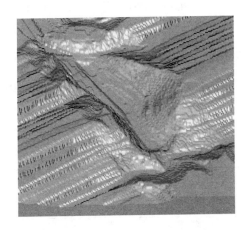

图 9-3 采场现状地表形态

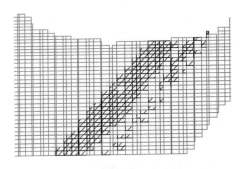

图 9-4 矿床模型的一个横剖面

密度见表 9-1，Fe1、Fe2 和 Fe3 为矿石，Q4 为四纪层，其他均为废石（ROCK 为未命名的废石）。矿石的平均品位约为 31%。

表 9-1 矿石和废石的原地容积密度　　　　　（t/m³）

矿岩名称	Fe1	Fe2	Fe3	PP	FeSiO3	AmL	Am
容积密度	3.39	3.43	3.33	3.33	3.33	2.69	2.87
矿岩名称	Am1	Am2	TmQ	Qp	Zd	Q4	ROCK
容积密度	2.87	2.85	2.63	2.69	2.60	1.60	2.63

境界帮坡角分七个扇区，不同扇区的帮坡角不同，如表9-2所示。表中的方位角是扇区中线以正东为0°、逆时针旋转的角度。表9-3列出了优化中使用的经济技术参数。

表9-2 最终帮坡角

区号	I	II	III	IV	V	VI	VII
方位角/(°)	21.0	41.5	119.0	200.5	224.5	291.0	352.5
帮坡角/(°)	34.8	34.5	51.0	42.0	48.1	47.5	34.8

表9-3 技术经济参数

矿石开采成本 /¥t^{-1}	废石剥离成本 /¥t^{-1}	选矿成本 /¥t^{-1}	精矿价格 /¥t^{-1}	折现率 /%
24	15	135	900	10

矿石回采率 /%	选矿金属回收率 /%	精矿品位 /%	边界品位 /%	矿石生产能力 /10^{4}t·a^{-1}
95	82	66	25	1500

由于矿床的剩余储量大，在产生地质最优境界序列中，最小境界的矿量 Q_1^* 设置为12000万吨（8年产量），相邻境界间的矿量增量 ΔQ 设置为4500万吨（3年产量）。分期矿量可行区间 $[Q_L, Q_U]$ = [12000万吨，22500万吨]，分期矿岩总量不设限。

基于以上数据，应用上述优化模型和算法对该矿今后的分期方案进行了优化。最优解给出的最佳分期数为4期，图9-5是四个分期境界的标高模型的三维显示，各分期的矿石量和废石量如表9-4所示。图9-6是这四个分期境界与矿床模型的一个叠加横剖面图。

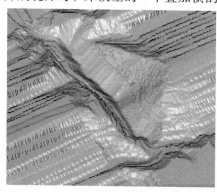

(a)分期 I 境界

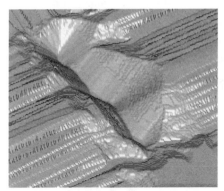

(b) 分期Ⅱ境界

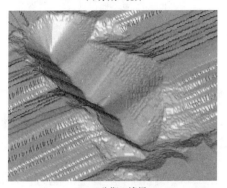

(c) 分期Ⅲ境界

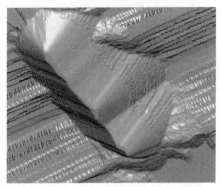

(d) 分期Ⅳ境界

图 9-5 最佳分期方案的四个分期境界

表9-4　各分期的矿岩量

分期	矿石量 /10^4t	废石量 /10^4t	平均剥采比 /t·t^{-1}	分期时间跨度 /a
I	19023	14268	0.750	12.68
II	12253	38006	3.102	8.17
III	12971	66053	5.092	8.65
IV	17621	129697	7.360	11.75
合计	61868	248024	4.009	41.25

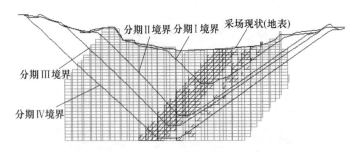

图9-6　最佳分期境界与矿床模型的一个横剖面

　　可以看出,以1500万吨的年矿石生产能力,各分期的开采时间跨度在8.2年和12.7年之间,总的开采寿命约41年。这一分期方案总体上是合理的。一方面,头两个分期(尤其是第一分期)的剥采比较后续分期大大降低,这有利于降低初期剥离量、提高总净现值,发挥出分期开采的优点;另一方面,各分期的时间跨度不太短,有利于分期过渡的规划和实施。另外,大型露天矿的主体开采设备(电铲、卡车、钻机)的经济服役年限一般为5~15年,与分期时间跨度较为吻合,有利于规划分期过渡时一并考虑设备的配置(退役、更新和购置)问题。

　　从表9-4中各分期的平均剥采比可以看出,分期开采在降低由矿产品市场的不确定性造成的投资风险上的作用。本方案的优化采用了较高的精矿价格(900元/吨)。即使是精矿价格出现较大幅度的下降,由于第一分期的剥采比很低,按这一分期境界开采也没有亏损的风险；在精矿价格的下降幅度不是很大的情况下，开采到第二分期境界也没有风险。在生产中，每当到达分期过渡规划的过渡时间时，就应该按照当时的最新市场动态重新优化以后的分期方案，这样适时优化、适时调整，就可以最大限度地降低风险。

由于在数学模型中不可能加入所有现实的约束条件，最优解可能在某些方面从实践的角度看是不可行的。例如，在图9-6中，分期Ⅱ和分期Ⅲ的分期境界在下盘测的水平间距不到30m，这样的工作平盘宽度对于大型设备可能太窄，影响作业效率。出现这种情况时，需要对分期境界进行局部调整，使之变为可行。当然，把优化解转变为最终方案，还需对各分期境界作后处理，使之具有完整的台阶要素（坡顶线、坡底线、并段、安全平台等）和运输坡道。

对于一个给定矿床，分期开采的最优解取决于上述表9-3中的技术经济参数。应用上述算法可以方便地针对这些参数中的任何参数进行灵敏度分析，分析结果对最终方案的决策有重要参考价值。

9.5 分期开采计划优化原理

如前所述，对分期方案和开采计划实行整体优化十分困难。因此，这里的开采计划优化是在给定分期方案和选厂处理能力的条件下，寻求使总净现值最大的开采顺序，同时确定每年的边界品位。

9.5.1 相关概念与定义

分期开采体，是由分期境界划定的每一分期的开采区域。设分期数为N，那么分期开采体1是分期Ⅰ境界内的矿岩实体；分期开采体i是分期i境界与分期$i-1$境界之间的矿岩实体（$i=2,3,\cdots,N$）。图9-7是分期数为3时分期境界与分期开采体之间的关系示意图。

由于在绝大多数情况下，在采完一个分期开采体之前，就需要进行分期过渡，开始开采下一个（甚至下两个）分期开采体的一部分，所以"分期"只是空间上的概念，在时间上并没有明确的界限。

决策单元，是优化中决策作用对象的最小几何体。决策单元一经确定，开采计划的优化就是对每一决策单元作出何时开采的决策，以获得最大总净现值。从计划精度和计划结果的实用性角度考虑，决策单元越小越好；基于块状矿床模型进行优化时，决策单元最好是一个模块。然而，如第1章所述，由于模块数量巨大（一个中型矿床的模块数一般在数万到数十万），确定每个模块的最佳开采时间（或者说所有模块的最佳开采顺序），即使是使用今天的计算机也是不现实的。因此，在本优化方法中，决策单元定义为"一个分期开采体内的一个台阶"。在图9-7中，分期开采体1、2和3内分别有6、6和8个台阶，所以共有20个决策单元。在图9-7所示的剖面上，一些决策单元（如分期开采体2的6个台阶）看起来是由左右两部分组成的，在三维空间它们实际上是不规则的环状体。任何一个决策单元在优化中都是一个不可分割的整体。

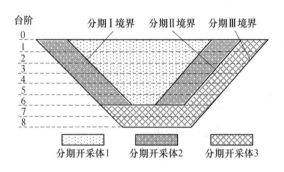

图9-7 分期境界与分期开采体之间的关系示意图

采场状态，是在开采过程中从开始（时间0点）到某一时刻已经被开采的几何体的形态（包括位置、大小和几何形状）。应用以上定义的决策单元，任一时刻的采场状态定义为"每个分期开采体已经被开采的最低台阶水平"。依据这一定义，可以用一组台阶标号来表述采场状态。例如，对于图9-7所示的分期开采体和台阶划分，[4,2,2]表示这样一个采场状态：在分期开采体1内，从地表一直到台阶4已被采去；在分期开采体2和3内，从地表一直到台阶2已被采去。换言之，在分期开采体1内，台阶5已被揭露出来；在分期开采体2和3内，台阶3已被揭露出来。采场状态[4,2,2]如图9-8所示。

表示采场状态的台阶标号必须是以某一台阶为参照的自上而下或

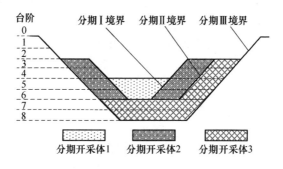

图 9-8　采场状态 [4,2,2] 示意图

自下而上的连续整数。从理论上讲，任一台阶都可作为编码台阶标号的参照台阶，标号也可以从任意整数开始，但为了表述清晰和计算机处理方便，我们把地表以上第一个台阶（空气台阶）的标号设置为0，以下各实体台阶的标号从高到低依次增加1，如图9-7和图9-8所示。由于图中的地表是平坦的，所以初始采场状态（开采之前的状态）为 [0,0,0]。

　　当地表地形有起伏时，在不同分期开采体的范围内，地表可能处于不同的台阶水平，如图9-9所示。这种情况下，台阶0是最终境界（最后一个分期境界）范围内地表最高处地表以上第一个空气台阶。所以，图9-9的初始采场状态为 [2,1,0]。

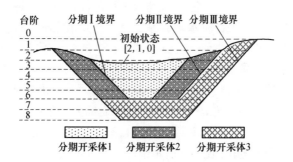

图 9-9　起伏地表初始采场状态示意图

无论地表是否平坦，到达某一采场状态时，每个分期开采体内已

被开采的台阶数，等于该状态对应于该分期的台阶标号减去初始状态对应于同一分期的台阶标号。就图 9-9 所示的情形，到达采场状态 [4，2，1] 时，各分期开采体内已被开采的台阶数为：[4,2,1] − [2,1,0] = [2,1,1]，即分期开采体 1、2 和 3 内分别已开采了 2、1 和 1 个台阶。

一般地，令 N 为分期数，I_t^i 为分期开采体 i 从开始（时间 0）到时刻 t 已被开采完的最深一个台阶的台阶标号（$i = 1,2,\cdots,N$）。那么，露天矿在开采到时刻 t 时的采场状态为 $[I_t^1, I_t^2, \cdots, I_t^N]$，记为 S_t，即 $S_t = [I_t^1, I_t^2, \cdots, I_t^N]$；$t = 0$ 时的采场状态为初始状态 S_0，即 $S_0 = [I_0^1, I_0^2, \cdots, I_0^N]$，$I_0^i$ 是分期开采体 i 范围内最低的空气台阶的台阶标号（$i = 1,2,\cdots,N$）。所有分期开采体全部采完时（$t = F$）的采场状态为最终采场状态 S_F，即 $S_F = [I_F^1, I_F^2, \cdots, I_F^N]$，$I_F^i$ 是分期开采体 i 内最深台阶的台阶标号；对于图 9-9 所示的情形，最终采场状态 $S_F = [6,6,8]$。从采场状态 S_t 和初始采场状态 S_0 的台阶标号，可以直观地看出到达 S_t 时各个分期开采体已被开采的台阶数以及那些台阶已被采去：分期开采体 i 已被开采的台阶数为 $I_t^i - I_0^i$，被采去的台阶为 $I_1^i \sim I_t^i$（$i = 1,2,\cdots,N$）。

可行采场状态，是符合露天开采时空发展程序的状态。当最终境界被划分为若干个分期开采体且决策单元为分期开采体内的台阶时，这种时空发展程序就表现为各个分期开采体内台阶之间的开采顺序关系：任一分期开采体都不能开采到低于被包含在该分期境界内的相邻分期开采体的已开采台阶水平，除非后者已开采完毕。换言之，在**内**分期开采体开采完毕之前，**外**分期开采体中的台阶不能采到低于**内**分期开采体的已开采水平；否则，会出现"掏空"开采，这在露天开采中是不可能的。因此，用一组台阶标号表示采场状态时，任一时刻 t 的采场状态 $S_t = [I_t^1, I_t^2, \cdots, I_t^N]$ 为可行状态的充要条件是：

当 $I_t^i < I_F^i$ 时，必须有 $I_t^{i+1} \leqslant I_t^i$，$i = 1,2,\cdots,N-1$。

把这一条件应用于图 9-9 所示情形，[3,1,0]、[2,1,1]、[5,4,3] 都是可行状态；[2,3,1]、[2,1,2]、[5,6,3] 都是不可行状态；[6,6,7] 是可行状态，因为分期开采体 2 已经开采完毕（所有 6 个台阶均已采去），所以状态中分期开采体 3 的台阶标号可以大于位于其内的分期开采体 2 的台阶标号。如果从图 9-9 所示的初始状态开采成状态[2,3,1]，该状态对应的采场如图 9-10 所示，掏空现象一目了然。

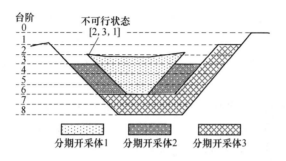

图 9-10 一个不可行采场状态示意图

如果从一个可行采场状态 S_p，通过开采一个或若干个决策单元，能够到达另一个可行采场状态 S_q，那么 S_p 就称为 S_q 的**前期状态**，S_q 为 S_p 的**后续状态**。S_p 是 S_q 的前期状态必须满足以下条件：

（1）S_p 和 S_q 均为可行状态，且是不同的两个状态；

（2）S_p 的台阶标号不大于 S_q 对应于相同分期开采体的台阶标号，即 $I_p^i \leqslant I_q^i (i=1,2,\cdots,N)$。

以图 9-9 为例，[2,1,1]是[3,2,1]的一个前期状态，因为二者是不同的两个可行状态，且通过在分期开采体 1 和 2 内分别开采台阶 3 和 2 就可从前者到达后者，而[3,1,1]不是[2,1,1]的前期状态。显然：一个状态可能有多个前期状态和后续状态；初始状态没有前期状态；最终状态没有后续状态。例如，[2,1,0]、[2,1,1]、[3,1,0]、[3,1,1]、[2,2,1]都是[3,2,1]的前期状态。

9.5.2 可行采场状态的产生算法

当一个露天矿的分期数、各分期境界和台阶高度确定后，且以分期开采体内的台阶为决策单元时，该矿在整个开采过程中先后到达的可行采场状态也随之而定。优化分期开采计划需要先找出所有可行采场状态。

可行采场状态总数是分期数、初始状态和最终状态的函数。当分期数为 N、初始状态为 $[0,0,\cdots,0]$、最终状态为 $[I_F^1, I_F^2, \cdots, I_F^N]$ 时，可行采场状态总数 N_S 可用下式计算：

$$N_S = \sum_{i=1}^{N} \frac{[(I_F^i - 1) + (N - i + 1)]!}{(I_F^i - 1)!(N - i + 1)!} + 1 \qquad (9\text{-}12)$$

在前面的图 9-7 中，$N = 3$，初始状态为 $[0,0,0]$，最终状态为 $[6,6,8]$。用上式计算，得到可行状态总数 $N_S = 86$。对于一个有 6 个分期的实际大型露天矿，如果其初始状态为 $[0,0,0,0,0,0]$，最终状态为 $[14,25,33,39,43,69]$，可行状态总数为 216468。绝大多数情况下，最终境界范围内的地表至少有一个台阶高度的起伏，初始状态的台阶标号不全为 0，实际的可行状态总数小于式（9-12）的计算结果。

产生全部可行采场状态的算法如下：

第 1 步：基于已经确定的分期数 N 和各分期境界（即分期方案优化结果）以及台阶划分，确定采场的初始状态 S_0 和最终状态 S_F，分别为 $S_0 = [I_0^1, I_0^2, \cdots, I_0^N]$ 和 $S_F = [I_F^1, I_F^2, \cdots, I_F^N]$；置当前状态 $S_C = S_0$，亦即置 $I_C^i = I_0^i (i = 1, 2, \cdots, N)$。

第 2 步：置当前分期 $i = N$，即取最后一个分期为当前分期。

第 3 步：如果 $i = 1$，即当前分期为第 1 分期，转到第 11 步；否则，继续下一步。

第 4 步：如果 $I_C^i = I_F^i$，即当前状态 S_C 的当前分期 i 的台阶标号等于该分期的最深台阶的标号，说明当前状态 S_C 的分期开采体 i 已经开采完毕，转到第 10 步；否则，继续下一步。

第 5 步：如果 $I_C^{i-1} = I_F^{i-1}$，说明当前状态 S_C 的前一个分期开采体 $i-1$（即被当前分期境界包含的前一个分期开采体）已经开采完毕，不需要进行下一步的可行性检验，转到第 7 步；否则，继续下一步。

第 6 步：如果 $I_C^i < I_C^{i-1}$，说明基于当前状态 S_C，可以在当前分期开采体 i 内再开采一个台阶，产生一个新的可行状态，继续下一步；否则，在当前分期开采体 i 内目前不能继续开采，转到第 10

步。

第 7 步：将当前状态 S_C 的当前分期开采体 i 的台阶标号增加 1，即置 $I_C^i = I_C^i + 1$，这意味着在前分期开采体 i 内又开采了一个台阶，即采场在这一分期开采体内向下延伸了一个台阶。

第 8 步：如果 $i = N$，即当前分期为最后一个分期，其台阶标号在上一步增加 1 后，得到了一个新的可行采场状态，记录这一新状态，并置当前状态 S_C 等于这一新状态，返回到第 4 步；否则（$i < N$），继续下一步。

第 9 步：将当前状态 S_C 的当前分期 i 之后的所有分期的台阶标号恢复到初始状态的相应分期的台阶标号，即对于 $j = i+1, i+2, \cdots, N$，置 $I_C^j = I_0^j$，保持其他分期的台阶标号不变，得到了一个新的可行状态，记录这一新状态，并置当前状态 S_C 等于这一新状态，返回到第 2 步。

第 10 步：置 $i = i - 1$，即向后退一个分期，返回到第 3 步。

第 11 步：检查分期开采体 1 是否已经开采完毕（只有当 $i = 1$ 时，才到达这一步）。如果 $I_C^1 < I_F^1$，分期开采体 1 尚未开采完毕，返回到第 7 步；否则（$I_C^1 = I_F^1$），已经找出全部可行状态，算法结束。

以图 9-11 所示的只有 4 个台阶、3 个分期且地表平坦的简单情形为例，依据上述算法，全部 21 个可行采场状态的产生顺序为：

[0,0,0]（初始状态）
[1,0,0][1,1,0][1,1,1]
[2,0,0][2,1,0][2,1,1][2,2,0][2,2,1][2,2,2]
[3,0,0][3,1,0][3,1,1][3,2,0][3,2,1][3,2,2]
[3,3,0][3,3,1][3,3,2][3,3,3][3,3,4]（最终状态）

9.5.3 开采计划优化原理

确定了分期数和各分期境界，并用上述算法找出全部可行采场状态后，露天矿的开采过程就是从初始采场状态开始，由一个可行采场状态转到另一个可行采场状态，直至最终采场状态为止的过程。因此，开采计划的优化问题就转变为一个求使总净现值最大的每年末的

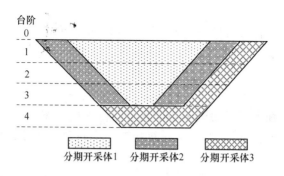

台阶

分期开采体1 分期开采体2 分期开采体3

图 9-11 一个 3 分期 4 台阶的简单例子

最佳可行采场状态的问题。为表述简便，以下用到的"采场状态"或"状态"均指可行采场状态。

为表述清晰起见，我们以图 9-11 所示的简单假想矿山为例，阐述开采计划的优化原理，并假设该矿的最终销售产品为金属。由于把边界品位也作为变量，所以需要预先计算每一个决策单元（即每个分期开采体内的每个台阶）在不同边界品位下的矿量和金属量，即品位－矿量曲线和品位－金属量曲线。这一计算可以基于品位块状模型完成。这里，假设已经对于几个离散边界品位取值计算出所有决策单元的矿量和金属量，以列表的形式表示品位－矿量曲线和品位－金属量曲线，分别如表 9-5 和表 9-6 所示。表 9-5 中边界品位为 0 时的"矿量"即为决策单元的矿岩总量。

如前所述，优化开采计划就是确定每年末的最佳采场状态。从理论上讲，为了保证不遗漏最优计划，每年末都应考虑所有采场状态，然后把相邻两年间的前期状态与后续状态相连，得到所有可能计划路径而组成一个台阶动态排序网络图，对所有计划路径进行经济评价后就得出最佳开采计划。然而，这样构建的计划路径中有许多是明显不合理的。例如，把最终状态作为第 1 年末的一个状态，意味着 1 年就把整个最终境界采完，是明显不合理的。因此，类似于在第 7 章全境界开采的生产计划优化中所讨论的，应该依据最终境界和决策单元的大小确定一个相对合理的年采剥量上下限。在构建计划路径时，只考虑那些年采剥量落入这一上下限范围之内的路径。但应注意，年采剥量的上限不应小于最大的那个决策单元的矿岩量,否则,在构建计划路径网络图的过程中会无法到达最终状态而出现无解的情况。年采剥量的下限不应比最小的那个决策单元的矿岩量大许多,否则,会无法到达很多采场状态而遗漏最佳计划,甚至出现无解的情况。

表9-5　假想矿山的品位－矿量表　　　　　　(10^4t)

台阶	分期开采体1					分期开采体2					分期开采体3				
	边界品位/$g \cdot t^{-1}$					边界品位/$g \cdot t^{-1}$					边界品位/$g \cdot t^{-1}$				
	0.0	0.5	1.0	1.5	2.0	0.0	0.5	1.0	1.5	2.0	0.0	0.5	1.0	1.5	2.0
1	100	80	50	40	20	80	65	45	30	20	150	120	100	60	40
2	85	70	55	30	15	65	50	35	20	10	120	100	70	50	30
3	65	50	40	25	10	50	40	30	20	10	100	70	50	30	20
4											200	150	120	80	50

表9-6　假想矿山的品位－金属量表　　　　　　(10^4g)

台阶	分期开采体1					分期开采体2					分期开采体3				
	边界品位/$g \cdot t^{-1}$					边界品位/$g \cdot t^{-1}$					边界品位/$g \cdot t^{-1}$				
	0.0	0.5	1.0	1.5	2.0	0.0	0.5	1.0	1.5	2.0	0.0	0.5	1.0	1.5	2.0
1	120	100	75	65	50	100	90	70	55	50	150	145	130	100	90
2	100	90	80	55	40	80	70	50	40	30	115	100	90	85	75
3	80	70	65	45	30	65	60	50	35	25	110	90	75	55	50
4											210	180	160	140	125

　　对于图9-11以及表9-5和表9-6所示的假想矿山,设定年采剥量的下限和上限分别为50万吨和200万吨。台阶动态排序网络图的构建从初始状态[0,0,0]开始,它所对应的时间为0。根据前面对后续状态的定义,找出[0,0,0]的所有满足年采剥量上、下限的后续状态,作为第1年末的可能采场状态,并用箭线将[0,0,0]与这些后续状态连接。对于初始状态,所有其他状态都是其后续状态,所以确定第1年末的采场状态的约束只有设定的年采剥量范围。例如,从[0,0,0]过渡到[1,0,0]需要开采的决策单元为分期开采体1中的台

阶1，从表9-5可查出这一决策单元的矿岩量为100万吨，符合要求，所以[1,0,0]可以作为第1年末的一个采场状态；从[0,0,0]过渡到[2,0,0]需要开采的决策单元为分期开采体1中的台阶1和台阶2，其矿岩量为185万吨，也符合要求，也是第1年末的一个采场状态；然而，从[0,0,0]过渡到[1,1,1]需要开采的决策单元为分期开采体1、2、3中的台阶1，其矿岩量为330万吨，超出了设定的年采剥量范围，所以[1,1,1]不能作为第1年末的一个采场状态。如此检查完[0,0,0]的所有后续状态后，就得到了第1年末符合要求的那些状态，它们是[1,0,0]、[1,1,0]和[2,0,0]。从第1年末的每个符合要求的状态出发，以同样的逻辑检查其后续状态，就可找出第2年末的符合要求的采场状态：从[1,0,0]出发得到的符合要求的状态有[1,1,0]、[2,0,0]、[3,0,0]和[2,1,0]；从[1,1,0]出发得到的符合要求的状态有[2,1,0]、[1,1,1]、[2,2,0]和[3,1,0]；从[2,0,0]出发得到的符合要求的状态有[3,0,0]、[2,1,0]、[2,2,0]和[3,1,0]。可见，从某一年末的不同状态出发，得到的下一年末的符合要求的采场状态有重复。例如，第2年末的[2,1,0]重复了三次，说明它有三个符合要求的前期状态，所以在台阶动态排序网络图中有三条箭线指向该状态。如此逐年进行下去，得到图9-12所示的满足年采剥量50～200万吨的台阶动态排序网络图。最终状态[3,3,4]在图9-12中出现在6～10年，这表明在年采剥量限制在50～200万吨的条件下，开采寿命为6～10年。

上述对构建台阶动态排序网络图的描述中，为逻辑清晰，只考虑了年采剥量的约束。实际上，还需要考虑年矿石产量（入选矿量）的上下限和边界品位的上下限等约束。考虑所有这些约束后，所得到的台阶动态排序网络图中的路径数目一般要比图9-12少。

图9-12中从初始状态到最终状态的每一条路径都是一个可能的开采计划，对所有路径进行经济评价后，总净现值最大的那条路径就是最佳开采计划。不同路径代表了各分期开采体内的那些台阶的不同开采顺序，求最佳开采计划就是找出使总净现值最大的台阶开采顺序，所以称这一优化方法为**台阶动态排序法**。

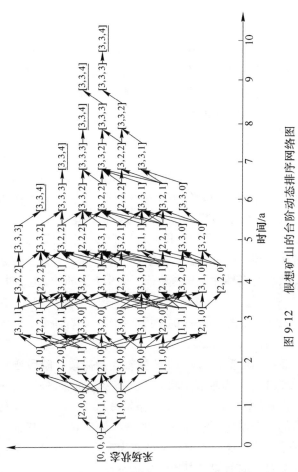

图 9-12 假想矿山的台阶动态排序网络图
（约束条件：年采剥量 50~200 万吨）

9.6　分期开采计划优化模型

　　用台阶动态排序法求解最佳路径的具体数学模型可以是动态规划模型，也可以是枚举模型，两者的适用条件见第 6 章 6.3 节的相关论述。这里只给出动态规划模型。

　　为了模型和后续算法的表述和计算简便，首先依据每个决策单元的矿量和金属量，计算出所有采场状态的累积矿量和累积金属量。一个采场状态的累积矿量和累积金属量等于从初始状态过渡到该状态需要开采的矿量和金属量。对于图 9-11 所示的假想矿山，基于表 9-5 和表 9-6 中每个决策单元的矿量和金属量，计算出全部 21 个采场状态的累积矿量和累积金属量，列于表 9-7。例如，从初始状态 $[0,0,0]$ 过渡到状态 $[2,1,0]$，需要开采分期开采体 1 中的台阶 1 和 2 以及分期开采体 2 中的台阶 1，对于边界品位 0.5，开采的矿量为 215（80 +70 +65）、金属量为 280（100 +90 +90），所以 215 和 280 分别是状态 $[2,1,0]$ 对应于边界品位 0.5 的累积矿量和累积金属量。表 9-7 中第三列边界品位为 0 的累积矿量即为各状态的累积矿岩量。按累积矿岩量从小到大把所有状态排序并从 0 开始编号后，称之为**采场状态序列**；状态的编号称为**状态序号**。表 9-7 中的状态已经排序，第一列即为状态序号。为了简化计算，以下数学模型和下一节的算法中，均假设表 9-7 中的数据是考虑了开采中的矿石回采率、废石混入率和混入废石品位后的数据。

　　对于动态规划模型，图 9-12 的横轴表示阶段，阶段变量为时间 t，每一阶段为 1 年；纵轴表示状态，状态变量为采场状态，用 $S_{t,i}$ 表示第 t 阶段的第 i 个状态。图中每一条箭线都是一个状态转移，代表从某一年末的一个给定采场状态（即箭线始端状态）开始，下一年度的一个开采决策，这一决策使采场变为箭线末端状态。箭线始端和末端状态互为对方的前期状态和后续状态。

　　预先计算出表 9-7 所示的累积矿量和累积金属量后，任何一个状态转移所产生的当年的开采量就变得很简单：等于箭线末端状态的累积量减去始端状态的累积量。例如，对于图 9-12 中从第 1 年末 $[2,0,0]$ 到第 2 年末 $[3,1,0]$ 的状态转移，从表 9-7 中边界品位为 0.0 的累积

矿量查出，这两个状态的累积矿岩量分别为 185 和 330，这一状态转
移所产生的第 2 年的采剥总量为 330 − 185 = 145。若考虑的边界品位
为 1.0，从表中查得这两个状态的累积矿量分别为 105 和 190、累积
金属量分别为 155 和 290，这一状态转移所产生的第 2 年的采矿量和
金属产量分别为 190 − 105 = 85 和 290 − 155 = 135；这一状态转移所产
生的第 2 年的剥岩量为采剥总量（145）与采矿量（85）之差，即 60。

表9-7 假想矿山的采场状态序列及其累积矿量和累积金属量表

状态序号	采场状态	累积矿量/10^4t					累积金属量/10^4g				
		边界品位/$g \cdot t^{-1}$					边界品位/$g \cdot t^{-1}$				
		0.0	0.5	1.0	1.5	2.0	0.0	0.5	1.0	1.5	2.0
0	[0,0,0]	0	0	0	0	0	0	0	0	0	0
1	[1,0,0]	100	80	50	40	20	120	100	75	65	50
2	[1,1,0]	180	145	95	70	40	220	190	145	120	100
3	[2,0,0]	185	150	105	70	35	220	190	155	120	90
4	[3,0,0]	250	200	145	95	45	300	260	220	165	120
5	[2,1,0]	265	215	150	100	55	320	280	225	175	140
6	[1,1,1]	330	265	195	130	80	370	335	275	220	190
7	[2,2,0]	330	265	185	120	65	400	350	275	215	170
8	[3,1,0]	330	265	190	125	65	400	350	290	220	170
9	[3,2,0]	395	315	225	145	75	480	420	340	260	200
10	[2,1,1]	415	335	250	160	95	470	425	355	275	230
11	[3,3,0]	445	355	255	165	85	545	480	390	295	225
12	[2,2,1]	480	385	285	180	105	550	495	405	315	260
13	[3,1,1]	480	385	290	185	105	550	495	420	320	260
14	[3,2,1]	545	435	325	205	115	630	565	470	360	290
15	[3,3,1]	595	475	355	225	125	695	625	520	395	315
16	[2,2,2]	600	485	355	230	135	665	595	495	400	335
17	[3,2,2]	665	535	395	255	145	745	665	560	445	365
18	[3,3,2]	715	575	425	275	155	810	725	610	480	390
19	[3,3,3]	815	645	475	305	175	920	815	685	535	440
20	[3,3,4]	1015	795	595	385	225	1130	995	845	675	565

假设所优化矿山的所属企业为采 - 选 - 冶联合企业, 最终产品为金属。优化模型需要满足的约束条件为:

(1) 年采剥总量上下限 (详见前面的讨论)。

(2) 年采矿量 (亦即年入选矿量) 上下限。这里假设所优化矿山开采的矿石全部由企业的一个选厂处理, 且该选厂只处理该矿的矿石; 不设储矿设施, 当年的采矿量必须在当年全部处理完; 选厂的年设计处理能力已定, 这一处理能力是开采计划优化中的目标年矿石开采量。选厂处理能力一般有一定程度的弹性, 其最大年处理能力可以略高于设计能力, 这一最大年处理能力就是年采矿量的上限。年入选矿量不能低于某个最低值, 否则会产生高额闲置成本, 这一最低值即为年采矿量的下限。当年采矿量在这一上下限之内时, 选厂不发生附加成本。

(3) 边界品位上下限。边界品位越低, 入选矿石的品位也越低。对于所采的金属及选定的选矿工艺, 入选品位太低会严重影响金属回收率和精矿品位, 在经济上也不划算。因此, 可以根据具体情况设置一个边界品位的下限。另一方面, 边界品位太高会造成资源浪费和经济损失, 所以也应根据具体情况设置一个边界品位的上限。例如, 对于平均品位为 30% 的铁矿, 边界品位为 5% 或 31% 是显然不合理的, 15% ~ 25% 是一个较合理的范围。

假设企业的冶炼厂同时为多个矿山服务, 其生产能力对所优化的矿山没有限制。

当一个采场状态 $S_{t,i}$ 从它的某个前期状态 $S_{t-1,j}$ 转移而来, 如果这一状态转移所产生的采剥总量、采矿量和边界品位均满足上述约束条件, 那么 $S_{t-1,j}$ 就是 $S_{t,i}$ 的一个**可行前期状态**, 这一转移是**可行转移**; 当 $S_{t,i}$ 至少有一个可行前期状态时, $S_{t,i}$ 是**有效状态**。

优化模型中用到的变量符号定义如下:

D_t: 第 t 年的金属价格, 可以是常数, 也可以随时间变化;

c_m: 矿石的单位开采成本;

c_w: 废石的单位剥离和排弃成本;

c_p: 选厂的单位选矿成本, 即处理 1 吨入选矿石的成本;

c_s: 冶炼厂的单位冶炼成本, 即冶炼出单位产品的成本;

r：选厂和冶炼厂的综合金属回收率；

d：可比价格折现率；

$M_k(g)$：考虑了开采中矿石回采率、废石混入率和混入废石的品位后，边界品位为 g 时序号为 k 的采场状态的累积金属量，即表9-7中第8~12列的数据；

$Q_k(g)$：考虑了开采中矿石回采率和废石混入率后，边界品位为 g 时序号为 k 的采场状态的累积矿石量，即表9-7中第3~7列的数据；

V_k：序号为 k 的采场状态的累积矿岩量，即表9-7中第3列的数据；

$NPV_{t,i}$：从初始状态沿最佳路径到达阶段 t 上的第 i 个有效状态（即 $S_{t,i}$）的累积净现值；

Q：选厂的设计年处理能力；

Q_L，Q_U：年采矿量下限和上限；

g_L，g_U：边界品位下限和上限；

V_L，V_U：年采剥总量下限和上限；

n_t：阶段 t（年 t）上的有效状态数。

一般地，设正在评价的状态为阶段 t（年 t）上的第 i 个状态，即 $S_{t,i}$，该状态在采场状态序列里的序号为 $k_{t,i}$。比如，在图9-12中，$t=2$、$i=4$ 时，$S_{2,4}=[2,1,0]$，它在采场状态序列（表9-7）里的序号是5，所以 $k_{2,4}=5$。$S_{t,i}$ 可以从前一年 $t-1$ 上的 K 个前期有效状态转移而来。比如，图9-12中有三条箭线指向状态 $S_{2,4}=[2,1,0]$，三条箭线的始端状态为 $[1,0,0]$、$[1,1,0]$ 和 $[2,0,0]$，假设它们均为有效状态，那么 $[2,1,0]$ 可以从前一年（第一年）上的这三个状态转移而来，即 $K=3$。不失一般性，设正在评价的状态转移是从前一年 $t-1$ 上的第 j 个有效状态（j 从1算起）$S_{t-1,j}$ 转移到 $S_{t,i}$；状态 $S_{t-1,j}$ 在采场状态序列里的序号为 $k_{t-1,j}$。这一状态转移所产生的第 t 年的采剥总量记为 $v_{t,i}(t-1,j)$，其计算式为：

$$v_{t,i}(t-1,j)=V_{k_{t,i}}-V_{k_{t-1,j}} \tag{9-13}$$

如果 $V_L \leq v_{t,i}(t-1,j) \leq V_U$，该状态转移满足上述约束条件（1）；否则，该状态转移是不可行的，继续评价前一年 $t-1$ 上其他状态到

$S_{t,i}$ 状态转移。不失一般性，假设满足这一约束条件。

计算边界品位取上限 g_U 时，这一状态转移所开采的矿石量 $q_{t,i}$ $(t-1,j,g_U)$：

$$q_{t,i}(t-1,j,g_U) = Q_{k_{t,i}}(g_U) - Q_{k_{t-1,j}}(g_U) \tag{9-14}$$

如果 $q_{t,i}(t-1,j,g_U) > Q_U$，说明即使取允许的最高边界品位，矿石产量也超出选厂的最大处理能力，该状态转移是不可行的；不失一般性，假设 $q_{t,i}(t-1,j,g_U) \leqslant Q_U$。

计算边界品位取下限 g_L 时，这一状态转移所开采的矿石量 $q_{t,i}$ $(t-1,j,g_L)$：

$$q_{t,i}(t-1,j,g_L) = Q_{k_{t,i}}(g_L) - Q_{k_{t-1,j}}(g_L) \tag{9-15}$$

如果 $q_{t,i}(t-1,j,g_L) < Q_L$，说明即使取允许的最低边界品位，矿石产量也不满足选厂允许的最小处理量，该状态转移是不可行的；不失一般性，假设 $q_{t,i}(t-1,j,g_L) \geqslant Q_L$。

至此，已经判断出从 $S_{t-1,j}$ 到 $S_{t,i}$ 的状态转移是可行的。根据以下几种情况确定对应于这一状态转移的第 t 年的矿石产量 $q_{t,i}(t-1,j)$、边界品位 $g_{t,i}(t-1,j)$ 和金属产量 $m_{t,i}(t-1,j)$。

（1）如果 $q_{t,i}(t-1,j,g_U) > Q$，说明在允许的边界品位范围内找不到等于选厂设计处理能力 Q 的矿量，只好按允许的最高边界品位生产，第 t 年的矿石产量、边界品位和和金属产量为：

$$q_{t,i}(t-1,j) = q_{t,i}(t-1,j,g_U) \tag{9-16}$$
$$g_{t,i}(t-1,j) = g_U \tag{9-17}$$
$$m_{t,i}(t-1,j) = r[M_{k_{t,i}}(g_U) - M_{k_{t-1,j}}(g_U)] \tag{9-18}$$

（2）如果 $q_{t,i}(t-1,j,g_L) < Q$，也说明在允许的边界品位范围内找不到等于选厂设计处理能力 Q 的矿量，只好按允许的最低边界品位生产，第 t 年的矿石产量、边界品位和和金属产量为：

$$q_{t,i}(t-1,j) = q_{t,i}(t-1,j,g_L) \tag{9-19}$$
$$g_{t,i}(t-1,j) = g_L \tag{9-20}$$
$$m_{t,i}(t-1,j) = r[M_{k_{t,i}}(g_L) - M_{k_{t-1,j}}(g_L)] \tag{9-21}$$

（3）如果 $q_{t,i}(t-1,j,g_U) \leqslant Q \leqslant q_{t,i}(t-1,j,g_L)$，说明在允许的边界品位范围内可以找到等于选厂设计处理能力 Q 的矿量。在采场状态序列的累积矿量表（表9-7）中，用插值找到一个满足下式的边界

品位 g：

$$Q_{k_{t,i}}(g) - Q_{k_{t-1,j}}(g) = Q \qquad (9-22)$$

那么，第 t 年的矿石产量、边界品位和金属产量为：

$$q_{t,i}(t-1,j) = Q \qquad (9-23)$$

$$g_{t,i}(t-1,j) = g \qquad (9-24)$$

$$m_{t,i}(t-1,j) = r[M_{k_{t,i}}(g) - M_{k_{t-1,j}}(g)] \qquad (9-25)$$

对应于这一状态转移的第 t 年的剥岩量 $w_{t,i}(t-1,j)$ 为：

$$w_{t,i}(t-1,j) = v_{t,i}(t-1,j) - q_{t,i}(t-1,j) \qquad (9-26)$$

可以看出，上述计算矿石产量和边界品位中用到了这样的规则：如果可能，就通过调整边界品位使开采的矿石量等于选厂的设计处理能力。

从 $S_{t-1,j}$ 转移到 $S_{t,i}$ 所产生的第 t 年的利润 $p_{t,i}(t-1,j)$ 为：

$$p_{t,i}(t-1,j) = m_{t,i}(t-1,j)(D_t - c_s) - q_{t,i}(t-1,j)(c_m + c_p) - w_{t,i}(t-1,j)c_w \qquad (9-27)$$

这一状态转移在 t 年末实现的累积净现值 $NPV_{t,i}(t-1,j)$ 为：

$$NPV_{t,i}(t-1,j) = NPV_{t-1,j} + \frac{p_{t,i}(t-1,j)}{(1+d)^t}，即$$

$$NPV_{t,i}(t-1,j) = NPV_{t-1,j} + \frac{m_{t,i}(t-1,j)(D_t-c_s) - q_{t,i}(t-1,j)(c_m+c_p) - w_{t,i}(t-1,j)c_w}{(1+d)^t}$$

$$(9-28)$$

式中，$NPV_{t-1,j}$ 为沿最佳路径到达前一阶段 $t-1$ 上的状态 $S_{t-1,j}$ 的累积净现值，在评价前一阶段的各状态时已经计算过，是已知的。

如前所述，阶段 t 上的状态 $S_{t,i}$ 可以从前一阶段 $t-1$ 上的 K 个前期有效状态转移而来，不同的转移导致第 t 年采出的矿量、金属量和剥离的废石量不同，实现的当年利润不同，到达阶段 t 上状态 $S_{t,i}$ 处的累积净现值也不同。重复以上过程，把这 K 个转移评价完毕后，使状态 $S_{t,i}$ 处的累积净现值最大的那个状态转移是**最佳状态转移**（即动态规划中的最优决策），最佳状态转移对应的前期状态是状态 $S_{t,i}$ 的**最佳前期状态**。因此，有如下递归目标函数：

$$NPV_{t,i} = \max_{j \in [1,K]} \{NPV_{t,i}(t-1,j)\} = \max_{j \in [1,K]} \Big\{ NPV_{t-1,j} +$$

$$\left. \frac{m_{t,i}(t-1,j)(D_t - c_s) - q_{t,i}(t-1,j)(c_m + c_p) - w_{t,i}(t-1,j)c_w}{(1+d)^t} \right\} \quad (9\text{-}29)$$

$t=0$ 时初始状态处的起始条件为:

$$\begin{cases} k_{0,1} = 0 \\ V_0 = 0 \\ Q_0(g) = 0 \\ M_0(g) = 0 \\ NPV_{0,1} = 0 \end{cases} \quad (9\text{-}30)$$

如果从前一阶段 $t-1$ 上的所有 K 个前期有效状态到 $S_{t,i}$ 的转移都是不可行的,即没有满足所有约束条件的可行前期状态,那么 $S_{t,i}$ 就是**无效状态**。

运用以上各式,从阶段 1 开始,逐阶段评价每个阶段上的所有状态,直到所有阶段上的所有状态被评价完毕,就得到了所有阶段上的所有**有效状态**的累积净现值和最佳前期状态。然后,在所有有效最终状态(图 9-12 中下划线标出的[3,3,4]中的有效者)中找出累积净现值最大者,这一状态所在的阶段即为最佳开采寿命。从这一最终状态开始,逆向追踪最佳前期状态,直到初始状态,就得到了最优计划路径,在动态规划中称为最优策略。这一最优计划路径同时给出了每年的最佳采矿量、边界品位、剥岩量以及各分期开采体中台阶的开采顺序。这是一个开端的顺序规划模型。

如果所有阶段上的所有状态被评价完毕后,没有有效的最终状态,说明没有能够到达最终状态的可行路径,出现了无解的情形。

9.7　分期开采计划优化算法

以上两节中为了逻辑清晰,先阐述了台阶动态排序网络的产生,而后建立了求解排序网络中最优路径的动态规划模型。在以下算法中,这两项工作是同时进行的,即边产生台阶动态排序网络中的状态,边进行经济评价。在执行该算法之前,需要先应用 9.5.2 节的算法产生全部采场状态,状态总数用 N_S 表示。算法中用到的变量符号定义同上一节。

第1步：根据实际情况，设置合理的年采剥总量、年采矿量和边界品位的允许取值区间，即 $[V_L, V_U]$、$[Q_L, Q_U]$ 和 $[g_L, g_U]$。在 $[g_L, g_U]$ 内选择若干个合适的边界品位值，与0一起组成边界品位系列；考虑开采中的矿石回采率、废石混入率和混入废石的品位，计算所有采场状态对于这一系列边界品位的累积矿量和累积金属量，并按累积矿岩量（边界品位为0时的累积矿量）从小到大对采场状态排序，得到像表9-7那样的采场状态序列表并保存。

第2步：置时间（阶段）$t=0$。这一阶段只有一个状态，即初始状态，它当然是有效状态，记录该状态，置该阶段的有效状态数 $n_0 =1$；设置相关变量的初始值。

第3步：置 $t=t+1$。置当前阶段 t 的有效状态数 $n_t=0$，即尚未为阶段 t 产生任何有效状态。

第4步：置 $i=1$，即开始产生和评价阶段 t 上的第1个有效状态。正在产生和评价的状态称为**当前状态**。当前状态的累积净现值初始化为 $NPV_{t,i} = -1.0 \times 10^{30}$，并把当前状态标记为"无效状态"。

第5步：置 $k_{t,i}^i=1$，即考虑采场状态序列中序号为1的那个状态为当前状态的可能采场状态。

第6步：置 $j=1$，即尝试从前一阶段 $t-1$ 上的第1个有效状态（其在采场状态序列中的序号为 $k_{t-1,j}^j$）开始向当前状态（序号为 $k_{t,i}^i$）转移。

第7步：依据9.5.1节中对前期状态的定义和必须满足的条件，判别序号为 $k_{t-1,j}^j$ 的状态是否为序号为 $k_{t,i}^i$ 的状态的前期状态。如果是，继续下一步；否则，转到第13步。

第8步：应用式（9-13）计算这一状态转移所产生的第 t 年的采剥总量。如果采剥总量在设定的允许范围 $[V_L, V_U]$ 之内，继续下一步；否则，这一状态转移不可行，转到第13步。

第9步：应用式（9-14）计算边界品位取上限 g_U 时，这一状态转移开采的矿石量。如果这一矿石量不大于设定的年采矿量上限 Q_U，继续下一步；否则，说明即使取允许的最高边界品位，矿石产量也超出选厂的最大处理能力，该状态转移是不可行的，转到第13步。

第10步：应用式（9-15）计算边界品位取下限 g_L 时，这一状态转移开采的矿石量。如果这一矿石量不小于设定的年采矿量下限 Q_L，继续下一步；否则，说明即使取允许的最低边界品位，矿石产量也不满足选厂允许的最小入选矿量，该状态转移是不可行的，转到第 13 步。

第 11 步：至此，已经判断出正在评价的状态转移是可行的，把当前状态标记为有效状态。依据上一节数学模型中对（1）、（2）、（3）三种情况的判别，分别应用式（9-16）~式（9-18）或式（9-19）~式（9-21）或式（9-22）~式（9-25）计算第 t 年的矿石产量、边界品位和金属产量，应用式（9-26）计算该年的剥岩量，应用式（9-27）和式（9-28）计算年利润和当前状态的累积净现值 $NPV_{t,i}(t-1,j)$。

第 12 步：如果 $NPV_{t,i}(t-1,j) > NPV_{t,i}$，置 $NPV_{t,i} = NPV_{t,i}(t-1,j)$，把前一阶段 $t-1$ 上的第 j 个有效状态记录为当前状态的最佳前期状态，并把上一步计算的矿石产量、边界品位和金属产量也记录为当前状态的属性值；否则，当前状态的所有属性值（包括 $NPV_{t,i}$ 和最佳前期状态）均不变。

第 13 步：如果 $j < n_{t-1}$，置 $j = j+1$，即取前一阶段 $t-1$ 的下一个有效状态，返回到第 7 步；否则，前一阶段 $t-1$ 的全部有效状态已经被作为当前状态的前期状态考察完毕，继续下一步。

第 14 步：至此，当前状态评价完毕。分以下两种情况：

（1）当前状态为有效状态。把这一状态记录为阶段 t 上的第 i 个有效状态，置 $n_t = n_t + 1$，即阶段 t 上的有效状态数增加了 1 个。

如果 $k_{t,i}^i < N_S$，置 $k_{t,i}^i = k_{t,i}^i + 1$、$i = i+1$，即考察采场状态序列中的下一个状态，开始为阶段 t 产生和评价下一个有效状态，该状态变为当前状态，其累积净现值初始化为 $NPV_{t,i} = -1.0 \times 10^{30}$，并把它标记为无效状态，返回到第 6 步；否则，执行第 15 步。

（2）当前状态为无效状态。如果 $k_{t,i}^i < N_S$，置 $k_{t,i}^i = k_{t,i}^i + 1$，即考察采场状态序列中的下一个状态作为当前状态的可能采场状态，返回到第 6 步；否则，执行下一步。

第 15 步：至此，阶段 t 的所有状态已经评价完毕。

如果 $n_t = 0$，即阶段 t 没有任何有效状态，无解退出。

如果 $n_t = 1$，即阶段 t 只有一个有效状态，如果该状态为最终状态，执行第 16 步；否则，返回到第 3 步。

如果 $n_t > 1$，即阶段 t 有至少两个有效状态，返回到第 3 步。

第 16 步：至此，台阶动态排序网络的所有有效状态已经产生和评价完毕。找出累积净现值最大的最终状态，这一状态所在的阶段即为最佳开采寿命；从这一最终状态开始，逆向追踪最佳前期状态，直到初始状态，就得到了最优计划路径，即最佳开采计划；输出最佳开采计划，算法结束。如果在产生的所有有效状态中没有最终状态，无解退出。

下面以图 9-11 所示的简单假想矿山为例，给出应用上述算法的优化结果。表 9-5 和表 9-6 是该假想矿山各个分期开采体内各台阶对不同边界品位的矿量和金属量，据此计算的采场状态序列及其累积矿量和累积金属量见表 9-7。优化中用到的技术经济参数取值列于表 9-8。表中的成本、价格等数据只是为计算简单设置，读者不必审视其合理性。有兴趣的读者可以利用这一简单算例用 Excel 表进行演算，达到完全理解上述模型和算法的目的。有意把这一算法编成软件的读者也可利用这一简单算例调试程序。

表 9-8 算例中的技术经济参数

参 数	取 值	单 位
年采剥总量下限 V_L	50	$10^4 t/a$
年采剥总量上限 V_U	200	$10^4 t/a$
选厂设计年处理能力 Q	100	$10^4 t/a$
年采矿量下限 Q_L	80	$10^4 t/a$
年采矿量上限 Q_U	110	$10^4 t/a$
边界品位下限 g_L	0.5	g/t
边界品位上限 g_U	2.0	g/t
矿石单位开采成本 c_m	1.0	$\$/t$
废石单位剥离和排弃成本 c_w	1.0	$\$/t$
选厂单位选矿成本 c_p	5.0	$\$/t$
冶炼厂单位金属产品的冶炼成本 c_s	0.5	$\$/g$
选厂和冶炼厂的综合金属回收率 r	0.8	
金属价格（常数）D_t	10.5	$\$/g$
可比价格折现率 d	0.1	

图 9-13 是依据上述算法在优化中产生的台阶动态排序网络图。最佳开采计划的相关参数列于表 9-9。把图 9-13 与只考虑年采剥量约束的图 9-12 相比，图 9-13 中的状态总数和路径总数要少得多。这是因为在构建图 9-13 过程中，增加了年采矿量约束和边界品位约束，尤其是年采矿量约束较为苛刻，使可行状态转移大大减少。

表 9-9　算例的开采计划优化结果

时间 /a	年末采场状态	剥岩量 /10^4t	采矿量 /10^4t	金属产量 /10^4g	边界品位 /g·t^{-1}	累积净现值 /10^4\$
0	[0,0,0]	0.0	0.0	0.0		0.0
1	[2,0,0]	85.0	100.0	120.0	1.071	468.2
2	[2,2,0]	45.0	100.0	114.3	0.714	879.7
3	[2,2,1]	50.0	100.0	104.0	1.000	1172.7
4	[3,2,2]	85.0	100.0	118.3	1.143	1512.7
5	[3,3,3]	50.0	100.0	113.3	0.667	1812.8
6	[3,3,4]	100.0	100.0	120.0	1.250	2095.0

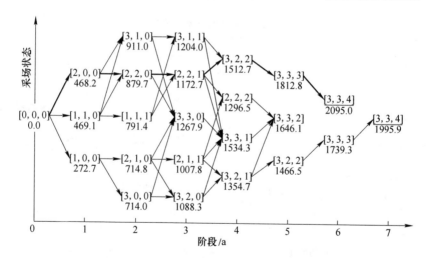

图 9-13　算例的优化结果——台阶动态排序网络

（约束条件：年采剥量 50~200 10^4t，年采矿量 80~110 10^4t，

边界品位 0.5~2.0g/t）

在图 9-13 中，每个采场状态下边的数值是从初始状态沿最佳路径到达该状态的累积净现值。最终状态 [3,3,4] 在网络中出现了两次，分别在阶段 6 阶段 7，累积净现值在阶段 6 上的最终状态处最大，所以最佳开采寿命为 6 年。从这一最终状态反向追踪最佳前期状态得到最优计划路径，如图中的粗箭线所示。最优计划路径上的采场状态指明了最佳开采顺序：

初始采场状态：[0,0,0]；

第 1 年：开采分期开采体 1 中的台阶 1 和 2，年末采场状态为 [2,0,0]；

第 2 年：开采分期开采体 2 中的台阶 1 和 2，年末采场状态为 [2,2,0]；

第 3 年：开采分期开采体 3 中的台阶 1，年末采场状态为 [2,2,1]；

第 4 年：开采分期开采体 1 中的台阶 3 和分期开采体 3 中的台阶 2，年末采场状态为 [3,2,2]；

第 5 年：开采分期开采体 2 中的台阶 3 和分期开采体 3 中的台阶 3，年末采场状态为 [3,3,3]；

第 6 年：开采分期开采体 3 中的台阶 4，年末采场状态为 [3,3,4]，到达最终状态，开采结束。

同时，最优计划路径上的采场状态也指明了分期间的过渡时间：第 2 年开始向分期开采体 2 过渡；第 3 年开始向分期开采体 3 过渡。

由于在优化模型和算法中，优先考虑使选厂按设计处理能力生产，即如果可能就在边界品位的允许范围内，通过调整边界品位使年采矿量等于选厂的设计能力，而且边界品位的允许范围设置较为宽松，所以优化结果（表 9-9）中每年的采矿量都等于选厂的设计能力。

9.8 小结

分期开采的开采方案优化也许是露天矿优化中最具挑战性的问题。本章提出的优化模型和算法都不得不对问题作了简化。首先，把整体开采方案分为两大部分——分期方案和开采计划，对它们分别进行单独优化，即先优化分期方案，而后针对已确定的分期数和各分期境界优化长期开采计划；其次，在分期方案优化中，没有考虑分期间的过渡问题，且把整个分期的利润平均分配到分期内的每一年；最后，在开采计划优化中，把分期开采体中的一个台阶作为决策单元。这些简化会使优化结果与真正的最优方案之间有一定的差距，在某些情况下（如分期境界之间的水平距离较大，单个分期开采体的量较大时），这一差距会比较显著。然而，本章提出的优化模型和算法仍然有其应用价值：优化结果作为矿山的指导性总体规划和长期计划，在可行性研究和初步设计阶段有重要参考价值；在没有彻底解决分期开采优化问题之前，以本章提出的方法得出的优化结果作为具体设计和计划的参考，总比不优化好。

参 考 文 献

［1］ Lemieux M J. Moving cone optimizing Algorithm ［M］. USA：Computer Methods for the 80's in the Mineral Industry. SME-AIME, 1979：329~345.

［2］ Yamatomi J, Mogi G, Akaike A, et al. Selective extraction dynamic cone algorithm for three dimensional open pit designs ［C］. Proceedings, 25th International Symposium on Application of Computers and Operations Research in the Mineral Industry (APCOM), 1995：267~274.

［3］ Marino J M, Slama J P. Ore reserve evaluation and open pit planning ［C］. Proceedings, 10th APCOM, 1972：139~144.

［4］ Phillips D A. Optimum design of an open pit ［C］. Proceedings, 10th APCOM, 1972：145~147.

［5］ Korobov S. Method for determining optimum open pit limits ［R］. Canada：Rapport Technique ED 74-R-4, Department of Mineral Engineering, Ecole Polytechnical De Montreal, 1974.

［6］ Lerchs H, Grossmann I F. Optimum design of open pit mines ［J］. Canadian Institute of Mining, Metallurgy and Petroleum (CIM) Bulletin, 1965, 58：47~54.

［7］ Lipkewich M P, Borgman L. Two- and three-dimensional pit design optimization techniques ［M］. USA：A Decade of Digital Computing in the Mineral Industry, SME-AIME, 1969：505~523.

［8］ Robinson R H, Prenn N B. An open pit design model ［C］. Proceedings, 10th APCOM, 1972：155~163.

［9］ Chen T. 3-D pit design with variable wall slope capabilities ［C］. Proceedings, 14th APCOM, 1976：615~625.

［10］ Zhao H, Kim Y C. A new optimum pit limit design algorithm ［C］. Proceedings, 23rd APCOM, 1992：423~434.

［11］ Alford C G, Whittle J. Application of Lerchs-Grossmann pit optimization to the design of open pit mines ［C］. Paper Presented at Large Open Pit Mining Conference. The Australian IMM/IE Newman Combined group, 1986.

［12］ Whittle J. Beyond optimization in open pit design ［C］. Laval University, Quebec City, Canad：Paper Presented at the First Canadian Conference on Computer Applications in the Mineral Industry, 1988：7~9.

［13］ Whittle. Whittle Consulting global optimization software ［EB/OL］. Melbourne, Australia, 2009. http：//www. whittleconsulting. com. au/.

［14］ Maptek. Maptek software vulcan chronos ［EB/OL］. Sydney, Australia, 2009. http：//maptek. com/products/vulcan/scheduling/chronos_ reserving_ scheduling_ module. html.

［15］ Datamine. NPV scheduler ［EB/OL］. Bedfordshire, UK, 2009. http：//www. datamine.

co. uk/products/PDF_ Flyers/NPVScheduler4_ LoRes_ Sep07_ LoRes_ English. pdf.

[16] Johnson T B, Sharp W R. A Three-dimensional dynamic programming method for optimal ultimate open pit design [R]. USA: Technical Report RI7553, Bureau of Mines, 1971: 25.

[17] Koenigsberg E. The optimum contours of an open pit mine: an application of dynamic programming [C]. Proceedings, 17th APCOM, 1982: 274 ~ 281.

[18] Wright E A. The use of dynamic programming for open pit mine design: some practical implications [J]. Mining Science and Technology, 1987, 4: 97 ~ 104.

[19] Johnson T B. Optimum open-pit mine production scheduling [D]. University of California, Berkeley, USA, PhD Thesis, Operations Research Department, 1968: 120.

[20] Johnson T B, Barnes J. Application of maximal flow algorithm to ultimate pit design [M]. Amsterdam, North Holland: Engineering Design: Better Results through Operations Research Methods, 1988: 518 ~ 531.

[21] Giannini L M, Caccetta L, Kelsey P, Carras S. PITOPTIM: a new high speed network flow technique for optimum pit design facilitating rapid sensitivity analysis [C]. AusIMM Proceedings. 1991, 2: 57 ~ 62.

[22] Yegulalp T M, Arias J A. A fast algorithm to solve ultimate pit limit problem [C]. Proceedings, 23rd APCOM, 1992: 391 ~ 398.

[23] Yegulalp T M, et al. New development in ultimate pit limit problem solution methods [J]. Transactions of the American Society for Mining, Metallurgy and Exploration, Inc. 1993, 294: 1853 ~ 1857.

[24] Underwood R, Tolwinski B. A mathematical programming viewpoint for solving the ultimate pit problem [J]. European Journal of Operational Research, 1998, 107 (1): 96 ~ 107.

[25] Hochbaum D S, Chen A. Performance analysis and best implementations of old and new algorithms for the open-pit mining problem [J]. Operations Research, 2000, 48 (6): 894 ~ 914.

[26] Huttagosol P, Cameron R. Computer design of ultimate pit limit by using transportation algorithm [C]. Proceedings, 23rd APCOM, 1992: 443 ~ 460.

[27] Frimpong S, Asa E, Szymanski J. Intelligent modeling: Advances in open pit mine design and optimization research [J]. International Journal of Surface Mining, Reclamation and Environment, 2002, 16 (2): 134 ~ 143.

[28] Jalali S E, Ataee-pour M, Shahriar K. Pit limits optimization using a stochastic process [J]. CIM Magazine, 2006, 1 (6): 90 ~ 94.

[29] Pana M T, Carlson T R. A description of a computer technique used in mine planning of the Utah Mine of Kennecott Copper Corporation [C]. Proceedings, 6th APCOM, 1966.

[30] Belobraidich W, et al. Computer assisted long range mine planning practice at Ray Mine Division-Kennecott Copper Corporation [M]. USA: Computer Methods for the 80's in the

Mineral Industry. SME-AIME, 1979: 349 ~357.

[31] Savage C J, Preller A H. Computerized mine planning system at Rio Tinto Minera, S. A. (Spain) [C]. Proceedings, 19th APCOM, 1986: 441 ~456.

[32] Journel A G. Convex analysis for mine scheduling [M]. Dordercht, Netherlands: Advanced Geostatistics in the Mining Industry. Reidel Publishing Co. 1975: 185 ~194.

[33] Francois-Bongarcon D M, Marechal A. A new method for open-pit design: parameterizing of the final pit contour [C]. Proceedings, 14th APCOM, 1976: 573 ~583.

[34] Francois-Bongarcon D M, Guibal D. Algorithm for parameterizing reserves under different geometrical constraints [C]. Proceedings, 17th APCOM, 1982: 297 ~309.

[35] Dagdelen K, Francois-Bongarcon D M. Towards the complete double parameterization of recovered reserves in open pit mining [C]. Proceedings, 17th APCOM, 1982: 288 ~296.

[36] Francois-Bongarcon D M, Guibal D. Parameterization of optimal designs of an open pit: beginning a new phase of research [J]. Transactions of the American Society for Mining, Metallurgy and Exploration, Inc. 1984, 274: 1801 ~ 1805.

[37] Coleou T. Technical parameterization of reserves for open pit design and mine planning [C]. Proceedings, 21st APCOM, 1989: 485 ~494.

[38] Wang Q, Sevim H. Alternative to parameterization in finding a series of maximum-metal pits for production planning [J]. Mining Engineering, 1995, 47 (2): 178 ~182.

[39] Whittle J. Beyond optimization in open pit design [C]. Proceedings, The First Canadian Conference on Computer Applications in the Mineral Industry, 1998: 331 ~337.

[40] Ramazan S, Dagdelen K. A new push back design algorithm in open it mining [C]. Proceedings, 7th International Symposium on Mine Planning and Equipment Selection (MPES), 1998: 119 ~124.

[41] Wang Q, Sevim H. Open pit production planning through pit-generation and pit-sequencing [J]. Transactions of the American Society for Mining, Metallurgy and Exploration, Inc. 1993, 294 (7): 1968 ~1972.

[42] Sevim H, Lei D. The problem of production planning in open pit mines [J]. Transactions of the Institution of Mining and Metallurgy, Section A, 1996, 105: A93 ~ A98.

[43] Sevim H, Lei D. The problem of production planning in open pit mines [J]. Information Systems and Operations Research (INFOR), 1998, 36 (1 ~2): 1 ~12.

[44] Johnson T B. Optimum open-pit mine production scheduling [M]. USA: A Decade of Digital Computing in the Mineral Industry, SME-AIME, 1969: 539 ~562.

[45] Gangwar A. Use geostatistical ore block variances in production planning by integer programming [C]. Proceedings, 17th APCOM, 1982: 443 ~459.

[46] Gershon M E. A linear programming approach to mine scheduling optimization [C]. Proceedings, 17th APCOM, 1982: 483 ~493.

[47] Gershon M E. Mine scheduling optimization with mixed integer programming [J]. Mining

Engineering, 1983, 35: 351 ~ 354.

[48] Gershon M E. Optimal mine production scheduling: evaluation of large scale mathematical programming approaches [J]. International Journal of Mining Engineering, 1983, 1: 315 ~ 329.

[49] Gershon M E. A blending-based approach to mine planning and production scheduling [C]. Proceedings, 19th APCOM, 1986: 120 ~ 126.

[50] Hoerger S, Hoffman L, Seymour F. Mine planning at Newmont's Nevada operations [J]. Mining Engineering, 1999, 51 (10): 26 ~ 30.

[51] Caccetta L, Hill S. P. An application of branch and cut to open pit mine scheduling [J]. Journal of Global Optimization, 2003, 27 (2) : 349 ~ 365.

[52] Ramazan S, Dimitrakopoulos R. Recent applications of operations research and efficient MIP formulations in open pit mining [J]. Transactions of the American Society for Mining, Metallurgy and Exploration, Inc. 2004, 316: 73 ~ 78.

[53] Gholammejad J, Osanloo M. Using chance constrained binary integer programming in optimizing long term production scheduling for open pit mine design [J]. Transactions of the Institution of Mining and Metallurgy, Section A, 2007, 116 (2): A58 ~ A66.

[54] Bley A, Boland N, Fricke C, et al. A strengthened formulation and cutting planes for the open pit mine production scheduling problem [J]. Computers & Operations Research, 2010, 37 (9): 1641 ~ 1647.

[55] Amaya J, Espinoza D, Goycoolea M, et al. Vancouver, Canada: Scalable approach to optimal block scheduling [C]. Proceedings, 34th APCOM, CIM, 2010: 567 ~ 571.

[56] Klingman D, Phillips N. Integer programming for optimal phosphate-mining strategies [J]. Journal of Operations Research Society, 1988, 39 (9): 805 ~ 810.

[57] Kim Y C, Cai W L. Long range mine sequencing with 0-1 programming [C]. Berlin, Germany: Proceedings, 22nd APCOM, 1990, 1: 131 ~ 145.

[58] Warton C. Add value to your mine through improved long term scheduling [C]. Colorado, USA: Paper Presented at Whittle North American Mine Planning Conference, Whittle, 2000.

[59] Ramazan S, Dagdelen K, Johnson T B. Fundamental tree algorithm in optimizing production scheduling for open pit mine design [J]. Transactions of Institute of Materials, Minerals and Mining and Australasian Institute of Mining and Metallurgy, Section A: Mining Technology, 2005, 114: A45 ~ A54.

[60] Ramazan S. The new fundamental tree algorithm for production scheduling of open pit mines [J]. European Journal of Operational Research, 2007, 177: 1153 ~ 1166.

[61] Gleixner A M. Solving large-scale open pit mining production scheduling problems by integer programming [D]. Berlin, Germany: Technische Universität Berlin, MS thesis, 2008.

[62] Boland N, Dumitrescu I, Froyland G, et al. LP-based disaggregation approaches to solving

the open pit mining production scheduling problem with block processing selectivity [J].
Computers & Operations Research, 2009, 36 (4): 1064 ~ 1089.

[63] Elkington T, Durham R. Open pit optimization-modeling time and opportunity costs [J].
Mining Technology, 2009, 118 (1): 25 ~ 32.

[64] Davis R E, Williams C E. Optimization procedures for open pit mine scheduling [C]. Pro-
ceedings, 11th ACOM, 1C, 1973: C1 ~ C18.

[65] Williams C E. Computerized year-by-year open pit mine scheduling [J]. Transactions of the
American Society for Mining, Metallurgy and Exploration, Inc. 1974, 256 (12): 309 ~
316.

[66] Dagdelen K. Optimum multi period open pit mine production scheduling [D]. Golden, Col-
orado, USA: PhD Thesis, Colorado School of Mines, 1985: 325.

[67] Dagdelen K, Johnson T B. Optimum open pit mine production scheduling by Lagrangian pa-
rameterization [C]. Colorado, USA: Proceedings, 19th APCOM, SME, Littleton,
1986: 127 ~ 139.

[68] Elevli B. Open pit mine production scheduling [D]. Golden, Colorado, USA: MS The-
sis, Colorado School of Mines, 1988: 207.

[69] Elevli B, et al. Single time period production scheduling of open pit mines [C]. Annual
Meeting of the American Society for Mining, Metallurgy and Exploration, inc. Preprint,
1989: 89 ~ 157.

[70] Caccetta L, Kelsey P, Giannini L M. Open pit mine production scheduling [C]. Basu A J,
Stockton N, Spottiswood D Eds. Proceedings, 3rd Regional APCOM, Austral Institute of
Mining and Metallurgy, 1998: 65 ~ 72.

[71] Akaike A, Dagdelen K. A strategic production scheduling method for an open pit mine [C].
USA: Dardano C, Francisco M, Proud J. Eds. Proceedings, 28th APCOM, SME, Little-
ton, CO, 1999: 729 ~ 738.

[72] Mogi G, Adachi T, Akaike A, Yamatomi J. Optimum production scale and scheduling of
open pit mines using revised 4D net work relaxation method [C]. Proceedings, 10th MPES,
2001: 337 ~ 344.

[73] Cai W. Design of open-pit phases with consideration of schedule constraints [C]. Xie H,
Wang Y, Jiang Y. Eds. Proceedings, 29th APCOM, Beijing, China: China University of
Mining Technology, 2001: 217 ~ 221.

[74] Kawahata K. A new algorithm to solve large scale mine production scheduling problems by
using the Lagrangian relaxation method [D]. PhD Thesis, Colorado School of Mines,
Golden, Colorado, USA. 2006.

[75] Roman R J. The use of dynamic programming for determining mine-mill production schedules
[C]. Proceedings, 10th APCOM, 1972: 165 ~ 169.

[76] Dowd P A. Dynamic and stochastic programming to optimize cutoff grades and production rates

[J]. Transactions of the Institution of Mining and Metallurgy, Section A, 1976, 85: A22 ~ A29.

[77] Elbrond J, et al. Use of an Interactive dynamic programming system as an aid to mine evaluation [C]. Proceedings, 17th APCOM, 1982: 463 ~ 474.

[78] Lizotte Y, Elbrond J. Choice of mine-mill capacities and production schedules using open-ended dynamic programming [J]. CIM Bulletin, 1982, 75 (839): 154 ~ 163.

[79] Yun Q X, Yegulalp T M. Optimum scheduling of overburden removal in open pit mines [J]. CIM Bulletin, 1982, 75 (848): 80 ~ 83.

[80] Zhang Y G, et al. A new approach for production scheduling in open pit mines [C]. Proceedings, 19th APCOM, 1986: 71 ~ 78.

[81] Yun Q X, Zhang Y G. Optimization of stage-mining in large open-pit mines [C]. Proceedings, 13th World Mining Congress, 1987, 1: 237 ~ 244.

[82] Gershon M E, Murphy F. Optimizing single hole mine cuts by dynamic programming [J]. European Journal of Operational Research, 1989, 38 (1): 56 ~ 62.

[83] Wright E A. Dynamic programming in open pit mining sequencing, a case study [C]. Proceedings, 21st APCOM, 1989: 415 ~ 421.

[84] Sevim H, Wang Q, DeTomi G. Economics of contracting overburden removal [C]. Proceedings, 22nd APCOM, 1990, 1: 573 ~ 584.

[85] Onur A H, Dowd P A. Open-pit optimization—part 2: Production scheduling and inclusion of roadways [J]. Transactions of the Institution of Mining and Metallurgy, Section A, 1993, 102: A105 ~ A113.

[86] Wang Q. Long-term open-pit production scheduling through dynamic phase-bench sequencing [J]. Transactions of the Institution of Mining and Metallurgy, Section A, 1996, 105: A99 ~ A104.

[87] Gershon M E. An open-pit production scheduler: algorithm and implementation [J]. Mining Engineering, 1987, 39: 793 ~ 796.

[88] Gershon, M E. Heuristic approaches for mine planning and production scheduling [J]. International Journal of Mining and Geological Engineering, 1987, 5: 1 ~ 13.

[89] Gershon M E, Kim J. Interactive production planning in a gold mine: approach and case study [C]. Annual Meeting of the American Society for Mining, Metallurgy and Exploration, Inc. Preprint, 1989: 89 ~ 310.

[90] Fytas K, Hadjigeorgiou J, Collins J L. Production scheduling optimization in open pit mines [J]. International Journal of Surface Mining, Reclamation and Environment, 1993, 7 (1): 1 ~ 9.

[91] Denby B, Schofield D. Open-pit design and scheduling by use of genetic algorithms [J]. Transactions of the Institution of Mining and Metallurgy, Section A, 1994, 103: A21 ~ A26.

[92] Denby B, Schofield D, Surme T. Genetic algorithms for flexible scheduling of open pit operations [C]. Proceedings, 27th APCOM, 1998: 473~483.

[93] Samanta B, Bhattacherjee A, Ganguli R. A genetic algorithms approach for grade control planning in a bauxite deposit [C]. Colorado, USA: Ganguli R, Dessureault S, Kecojevic V, Dwyer J Eds. Proceedings, 32nd APCOM, SME-AIME, Littleton, 2005: 337~342.

[94] Onurgil T, Çebi Y. Surface gravity vectors: an approach for open pit mine optimization [J]. Transactions of Institute of Materials, Minerals and Mining and Australasian Institute of Mining and Metallurgy, Section A: Mining Technology, 2005, 114: A185~A192.

[95] Zhang M. Combining genetic algorithms and topological sort to optimize open-pit mine plans [C]. Torino, Italy: Cardu M, Ciccu R, Lovera E, Michelotti E Eds. Proceedings, 15th MPES, FIORDO S. r. l. , 2006: 1234~1239.

[96] Ferland J A, Amaya J, Djuimo M S. Application of a particle swarm algorithm to the capacitated open pit mining problem [J]. Studies in Computational Intelligence, 2007, 76: 127~133.

[97] Roman R J. The role of time value of money in determining an open pit mining sequence and pit limits [C]. 12th APCOM, 1974: 72~85.

[98] Dowd P A, Onur A H. Optimizing open pit design and sequencing [C] Proceedings, 23rd APCOM, 1992: 411~422.

[99] Tolwinski B, Underwood R. An algorithm to estimate the optimal evolution of an open pit mine [C]. Proceedings, 23rdAPCOM, 1992: 399~409.

[100] Elevli B. Open pit mine design and extraction sequencing by use of OR and AI concepts [J]. International Journal of Surface Mining, Reclamation and Environment, 1995, 9 (4): 149~153.

[101] Tolwinski B, Underwood R. A scheduling algorithm for open pit mines [J]. IMA Journal of Mathematics Applied in Business and Industry, 1996, 7: 247~70.

[102] Denby B, Schofield D, Hunter G. Genetic algorithms for open pit scheduling-extension into 3-dimensions [C]. Proceedings, 5th MPES, Sao Paulo, Brazil, A A Balkema, Rotterdam, Brookfield, 1996: 177~186.

[103] Erarslan K, Çelebi N. A simulative model for optimum open pit design [J]. CIM Bulletin, 2001, 94: 59~68.

[104] Dimitrakopoulos R, Martinez L, Ramazan S. A maximum upside / minimum downside approach to the traditional optimization of open pit mine design [J]. Journal of Mining Science, 2007, 43 (1): 73~82.

[105] Journel A G. Modeling uncertainty and spatial dependence: Stochastic imaging [J]. International Journal of Geographical Information Systems, 1996, 10: 517~522.

[106] Goovaerts P. Geostatistics for natural resources evaluation [M]. Oxford University Press, 1997.

[107] Dimitrakopoulos R. Conditional simulation algorithms for modeling orebody uncertainty in open pit optimization [J]. International Journal of Surface Mining, Reclamation and Environment, 1998, 12 (4): 173~179.

[108] Smith M, Dimitrakopoulos R. Influence of deposit uncertainty on mine production scheduling [J]. International Journal of Surface Mining, Reclamation and Environment, 1999, 13: 173~178.

[109] Dimitrakopoulos R, Farrelly C T, Godoy M C. Moving forward from traditional optimization: grade uncertainty and risk effects in open-pit design [J]. Transactions of the Institution of Mining and Metallurgy, Section A, 2002, 111: A82~A88.

[110] Dowd P A. Risk assessment in reserve estimation and open pit planning [J]. Transactions of the Institution of Mining and Metallurgy, Section A, 1994, 103: A148~A154.

[111] Godoy M C, Dimitrakopoulos R. Managing risk and waste mining in long-term production scheduling of open pit mines [J]. Transactions of the American Society for Mining, Metallurgy and Exploration, Inc. 2004, 316: 43~50.

[112] Dimitrakopoulos R, Ramazan S. Uncertainty based production scheduling in open pit mining [J]. Transactions of the American Society for Mining, Metallurgy and Exploration, Inc. 2004, 316: 106~112.

[113] Ramazan S, Dimitrakopoulos R. Traditional and new MIP models for production scheduling with in-situ grade variability [J]. International Journal of Surface Mining, Reclamation and Environment, 2004, 18 (2): 85~98.

[114] Menabde M, Froyland G, Stone P, Yeates G. Mining schedule optimization for conditionally simulated orebodies [C]. Proceedings, International Symposium on Orebody Modeling and Strategic Mine Planning: Uncertainty and Risk Management, Perth, Australia, The Australasian Institute of Mining and Metallurgy, 2004: 347~352.

[115] Askari-Nasab H. Intelligent 3D interactive open pit mine planning and optimization [D]. PhD Thesis, University of Alberta, Canada, 2006.

[116] Golamnejad J, Osanloo M, Karimi B. A chance-constrained programming approach for open pit long-term production scheduling in stochastic environments [J]. The Journal of the South African Institute of Mining and Metallurgy, 2006, 106: 105~114.

[117] Askari-Nasab H, Frimpong S, Szymanski J. Modeling open pit dynamics using discrete simulation [J]. International Journal of Surface Mining, Reclamation and Environment, 2007, 21 (1): 35~49.

[118] Gholamnejad J, Osanloo M. Using chance constrained binary integer programming in optimizing long term production scheduling for open pit mine design [J]. Transactions of Institute of Materials, Minerals and Mining and Australasian Institute of Mining and Metallurgy, Section A: Mining Technology, 2007, 116 (2): 58~66.

[119] Dimitrakopoulos R, Ramazan S. Stochastic integer programming for optimizing long term

production schedules of open pit mines: methods, application and value of stochastic solutions [J]. Transactions of Institute of Materials, Minerals and Mining and Australasian Institute of Mining and Metallurgy, Section A: Mining Technology, 2008, 117 (4): 155 ~ 160.

[120] Boland N, Dumitrescu I, Froyland G. A multistage stochastic programming approach to open pit mine production scheduling with uncertain geology [EB/OL]. Working paper. 2008. Retrieved January 20, 2010, http://www. optimization-online. org/DB _ FILE/2008/10/2123. pdf.